推荐语

在科学技术突飞猛进的信息时代，作为基础设施的互联网＋已像电力网、自来水、燃气管道一样，成为社会和人民生活中须臾不可缺少的生命线。

——全国政协原副主席、原国务委员、两院院士　宋　健

互联网＋时代正在到来，我们必须面对、学习、研究、思考、摸索，因势利导，有所准备，妥为应对，兴利除弊，争取主动。

——著名作家、文化部原部长　　王　蒙

互联网＋是什么？是今天无穷大的创业机会，是明天无穷大的发展希望。

——著名理论家、中央党校原副校长　　李君如

互联网+

未来空间无限

阿里研究院 著

人 民 出 版 社

出版说明

习近平总书记指出，中国正在积极推进网络建设，让互联网发展成果惠及 13 亿中国人民。李克强总理在《政府工作报告》中指出，要"制定'互联网＋'行动计划，推动移动互联网、云计算、大数据、物联网等与现代制造业结合，促进电子商务、工业互联网和互联网金融健康发展，引导互联网企业拓展国际市场"。目前，国家正陆续出台一系列推进互联网＋的行动计划与措施，互联网＋正上升为国家经济社会发展的重要战略。

为使广大读者特别是党员干部了解互联网＋的内涵与发展趋势，提升人们的互联网＋思维，推动中国经济、社会等方面的发展，我们特约国内权威机构阿里巴巴旗下的阿里研究院撰写了本书。为生动直观地阐述互联网＋的内容，本书使用了大量图表、图片等，我们期望能对读者有更多的帮助。

人民出版社
2015 年 4 月

目　录

序 言

互联网＋时代需要"后天观"和"天下观"

阿里巴巴集团总裁　金建杭

互联网＋时代需要"后天观"和"天下观"

互联网进入中国20年来，发展迅猛，对整个中国经济社会产生了重要影响。这种影响是一层一层递进施加的。互联网最早是作为一个工具，然后成为一个渠道，再到作为一个基础设施，直到今天形成一个经济体，这是20年来互联网在中国的发展轨迹。

移动互联网时代，时空观念已经发生变化。互联网＋时代需要的是"后天观"和"天下观"。

第一，我们看互联网＋的时候，不能从昨天看今天，也不能仅仅从明天看今天，我们必须从后天看今天，这是"后天观"。今天我们谈互联网＋的时候，已经不同于20年以前。互联网正从IT时代发展到DT时代，IT是让自己更强大，而DT是让合作伙伴更强大，让他们具备大数据能力。以前这个能力只有大企业和跨国公司才具备，但今天只要进入云计算大数据平台，个人也能拥有数据能力并基于数据作出决策。

第二，看互联网＋的时候，不能局限于一县一市一省甚至一国，必须建立"天下观"。如果我们能够利用好这样的平台，能够利用好时代给我们的机会，让当地经济触达全球20亿消费者，我们的经济才是有竞争力的。

今天是互联网＋最好的时代，也是最危险的时刻

今天是互联网＋最好的时代，但同时也是互联网＋最危险的时刻，这并非空穴来风。以前阿里巴巴以及很多中国互联网企业能够发展起来，是没在聚光灯下。

当互联网＋起来、全社会都去想这个问题的时候，我们必须深刻认识到，互联网＋什么都可以，但互联网＋绝对不能加传统思维，绝对不能加既得利益，全社会要警惕弱势群体的声音。以前觉得自己很有影响力的行业，互联网加进来以后，利益冲突了，都觉得自己成了弱势群体。但实际上，身处在互联网＋时代，面对未来的时候，我们所有人都是弱势群体。不去创新，不去变革，不去打破原有的利益格局，三个月没有新东西出来，就将被淘汰。任何一个企业竞争、任何一个地方经济都是一样。

互联网＋面前不存在强势群体，所有人、所有企业都是弱势群体，都要面对未来20亿消费者的新变化，以及年轻人的一些变化，所有人都是战战兢兢、如履薄冰。

过去，跨境贸易只有大企业才能玩转，但有了互联网之后，小企业也有能力了。任何一家小企业，甚至任何一个个人，通过跨境网络，可以把商品和服务送到任何一个国家的消费者手中。这是多么巨大的改变，只有互联网＋时代才具备这种能力。

互联网＋时代要学会变道超车

在互联网＋时代里面，我们要多听创新者的声音，而少听被改变群体的声音。

第一，互联网＋里面，没有人是落后者。我们判断互联网

对商业的影响，今天在流通环节影响最好，但是在制造环节的影响才刚刚开始，对商品本身在应用过程中产生大量数据的时代也才刚刚开始，甚至在流通这个环节，我们从业者认为也只完成了商业生态的20％，还有80％需要完成。不要有错过班车的思想，这个时代刚刚开始，谁都有机会搭上车的。

第二，有权力的部门，千万不要给那些互联网＋的企业设置障碍。李克强总理在最近的讲话中也提到，跟其他国家做互联网企业相比，可能美国的企业在跑百米，中国的企业在跑百米栏，这种情况是自缚手脚，必须要改。

第三，我们一定要学会变道超车，没有一个企业是可以按照既有轨道继续往前走，这是互联网＋对所有的企业提出的一个警号，只有自己学会变道超车的时候，才有可能会赢。

第四，一个政策方面的建议是"3+2"的思想。"3"就是3张清单，即权力清单、负面清单和责任清单。我们需要有最低门槛、最小权力以及最大责任；"+"就是互联网＋，"2"就是大众创业和大众创新。我们需要给年轻人一个机会，给未来一个梦想。

第一章

互联网＋，新时代已经到来

一、互联网，创新驱动的基础设施

《第四次革命》作者扎克·林奇说：互联网是一切技术的基础，它帮助我们真正理解我们是谁，我们身在何方。技术改变商业，商业改变生活。近年来云计算、大数据、移动互联网的出现和应用，意味着一个关键性的临界点已经到来：信息技术不断成熟，经济性、便利性和性价比越来越高，安装和普及率也快速提升。已经被讨论了约半个世纪的"信息社会"这一宏大概念就在我们身边，并加速到来和展开。云计算作为商业基础设施的成长，大数据作为新型生产要素的发育，商业逻辑从机械化系统到生态化系统的演化，以及大规模、社会化的全新分工形态的出现等等——如果脱离时代转变的语境，舍弃技术驱动的视角，我们就很难在纷繁芜杂的商业环境中，去切实地理解和把握这些代表着未来的趋势性变化，这也是我们对于互联网＋的一个最基础的思考背景和情境。

表 1.1　互联网＋的大背景——信息社会来临

	农业社会	工业社会	信息社会
大致时间	公元前 4000—公元 1763 年	1763—1970 年	1946—约 2100 年
主要推动力	农业革命	工业革命	信息革命
主要生产要素	物质	能源	信息和知识
主要经济形态	农业经济	工业经济	知识经济

来源：阿里研究院整理。

2012 年 12 月 7 日，习近平总书记在考察腾讯公司时指出，"现在人类已经进入互联网时代这样一个历史阶段，这是一个世界潮流，而且这个互联网时代对人类的生活、生产、生产力的发展都具有很大的进步

推动作用"。阿里研究院认为，所谓互联网＋就是指，以互联网为主的
一整套信息技术（包括移动互联网、云计算、大数据、物联网等配套技
术）在经济、社会生活各部门广泛扩散和应用，并不断释放出数据流
动性的过程。互联网作为一种通用目的技术（General Purpose Technol-
ogy），和 100 年前的电力技术、200 年前的蒸汽机技术一样，已经对人
类经济社会产生巨大、深远而广泛的影响。

　　英国演化经济学家卡萝塔·佩蕾丝认为，在过去的 200 年间，一共
发生过五次重大的技术革命。每一次技术革命都形成了与其相适应的技
术—经济范式。一个技术—经济范式包括一套通用的技术和组织原则，
是一种最优的惯行模式。这五次技术革命的基本情况见表 1.2：

表 1.2　五次相继出现的技术革命

技术革命	该时期的通用名称	核心国家	诱发技术革命的大爆炸	年份
第一次	产业革命	英国	阿克莱特在克隆福德设立工厂	1771
第二次	蒸汽和铁路时代	英国（扩散到欧洲和美国）	蒸汽动力机车"火箭号"在英国利物浦到曼彻斯特的铁路上试验成功	1829
第三次	钢铁、电力、重工业时代	美、德超过英国	卡内基酸性转炉钢厂在宾夕法尼亚的匹兹堡开工	1875
第四次	石油、汽车和大规模生产的时代	美国（起初与德国竞争世界领导地位），后扩散到欧洲	第一辆 T 型车从密歇根州底特律的福特工厂生产	1908
第五次	信息和远程通讯时代	美国，扩散到欧亚	在加利福尼亚的圣克拉拉，英特尔的微处理器出世	1971

来源：卡萝塔·佩蕾丝：《技术革命与金融资本》，中国人民大学出版社 2007 年版。

　　经过 20 年的发展，互联网已经日渐成为一种基础设施在社会中广
泛应用和渗透。根据中国互联网络信息中心（CNNIC）发布的第 35 次
《中国互联网络发展状况统计报告》显示，截至 2014 年 12 月，我国网

3

民规模达 6.49 亿，互联网普及率为 47.9%。手机网民规模达 5.57 亿，较 2013 年年底增加 5672 万人。网民中使用手机上网人群占比由 2013 年的 81.0% 提升至 85.8%。随着高速通信网络的发展，互联网、智能手机、智能芯片在企业、人群和物体中的广泛安装，为互联网＋与传统行业的普遍融合奠定了坚实的基础。

在中国互联网的发展过程中，人们对互联网的认识也经历了一个逐步深入的过程。最早，绝大部分企业把互联网看成一种工具，就像办公室里的一台打印机、复印机那样。后来，更多的传统企业把互联网看成一种渠道，比如，用于获取信息、接触客户和销售商品，最典型的策略是清理库存。从 2008 年到现在，互联网的存在越来越接近于基础设施。这里的"基础设施"应该如何理解呢？我们认为，所有行业和具体企业的价值链、产品和服务都可以放到互联网上来做，并且通过数据的交互产生化学反应，激发创新，这才是对互联网最到位的理解。

二、互联网＋，从连接到融合

互联网＋革命的影响，始于电子芯片的发明，迄今已有 45 年的时间，但只有在互联网真正出现之后，人与人、人与物连接起来的时候，互联网所特有的大数据威力才显现出来。这也是互联网＋不同于以往信息化的主要原因。

图 1.1　计算、网络、数据的关系

来源：阿里研究院。

我国开展信息化建设已经二十多年，重点工作是推动 ICT（信息、通信和技术，英文简称 ICT）技术的普及、应用，更主要的是计算机和内联网设备。但是如何普及信息技术的应用，如果没有释放出信息和数据的流动性，促进信息／数据在跨组织、跨地域的广泛分享使用，就会出现"IT 黑洞"陷阱，信息化效益难以体现，说了多少年的"信息孤岛"现象就是如此。原国务院信息化工作领导小组，曾经提出过国家信息化六要素体系结构(六要素包括信息资源、信息网络、信息技术应用、信息技术和产业、信息化人才、信息化政策和法规及标准)。其中，信息资源是核心（见图 1.2）。但是这么多年来，信息化一直没有触及这个核心。

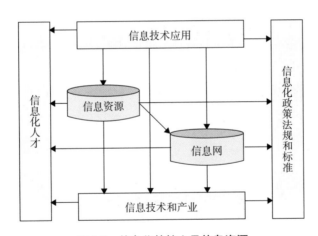

图 1.2　信息化的核心是信息资源

来源：阿里研究院。

在互联网时代，信息化正在回归这个本质，根本原因在于互联网降低了信息收集、处理的成本。互联网产生了大量的数据，特别是随着移动互联网的发展，大量联网的设备，包括智能手机、Pad、可穿戴设备等被大量安装在每一个人的身上。每时每刻，我们的动作、行为都会以数据的形式被记录下来。甚至当我们表面上不使用手中的电话，但实际上我们仍然创造了大量的数据。互联网数据中心（Internet Data Center,

简称 IDC）预测，在 2009 年到 2020 年间数据量将有 44 倍的增长，这其中，移动、社交、可穿戴设备和物联网将扮演主要角色。最主要的是这些数据是实时的、活跃的、可随时调用的数据。

某种程度上说，互联网 + 的本质就是在线化、数据化。无论互联网广告、网络零售、在线批发、跨境电商、快的打车、淘点点所做的工作，都是努力实现交易的在线化。只有商品、人和交易行为迁移到互联网上，才能实现"在线化"；只有"在线"才能形成"活的"数据，随时被调用和挖掘。在线化的数据流动性最强，不会像以往一样仅仅封闭在某个部门或企业内部。在线的数据随时可以在产业上下游、协作主体之间以最低的成本流动和交换。数据只有流动起来，其价值才得以最大限度地发挥出来。

互联网改变了传统企业信息化的发展路径。以往的大企业信息化，大多数是"由内而外"发展，先实现内部信息化，再通过内联网（Intranet）往外部发展电子商务，实现与其他企业的连接、协同；而我们看到大量的中小电子商务企业，都是直接采用互联网（Internet）"由外而内"地发展信息化。比如，淘宝网上的卖家，很多小微企业一开始都没有 OA、ERP 系统，都是直接在淘宝网上利用平台提供的销售订单系统开展电子商务（先实现了外部电子商务），等待企业慢慢发展之后，才逐步实施内部的人力资源、ERP 等管理系统。但两种模式的最终目的是一样的，都是实现全流程的数据打通（见图 1.3）。

图 1.3　传统企业与电商企业不同的"信息化"发展路径

来源：阿里研究院。

三、互联网+，发展逻辑

互联网和电子商务在全球已经改变了一个又一个的商业环节与产业。从商业环节来看，"零售—批发—生产—设计—采购"等商业环节以倒逼之势，陆续实现互联网化，这一点在中国网络零售最大的领域服装行业里非常明显：设计越来越个性化，生产柔性化也有所提速。从产业来看，图书、音乐、媒体、物流、金融等也相继由于电子商务而发生了深刻的改变。

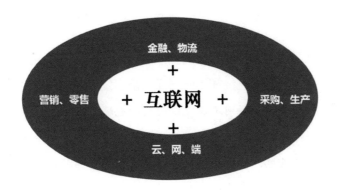

图 1.4　互联网 + 的发展逻辑

来源：阿里研究院。

例如，网络零售对商品交易的影响远不只在网上交易的部分，还应包括那些受到诸如网络广告、社交导购、供应链变革等电子商务相关服务影响，而最终在线下完成交易的部分。如果将交易过程中任何一环节涉及电子商务的相关服务都算作 O2O 电商市场的话，咨询机构 IDC 预计到 2020 年，社会消费品零售中将至少有 66.7% 的交易涉及电子商务相关服务。

当一个一个产业互联网化的同时，其内部的价值再造与产业链再造也在同步发生。近年来我国网络零售高速发展，使得公众对于电子商务

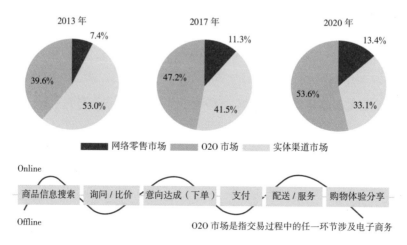

图 1.5   互联网对社会消费品零售改变

来源：来自互联网数据中心咨询。

的认知几乎就等同于网络零售。目前来看，网络交易只是整个互联网＋的前端或表象，互联网已经在不同层面上都引发了远为复杂的变化。

- 在产品层面，互联网不仅可以实现跨地域、短链条经营——因此其成本结构与传统商业很不相同，而且它更激发、聚合、分类、对接着个性化的需求与供应，使得个性化体验的价值在商品的价值构成中有了更大的占比。

- 在企业层面，互联网引发了部门间、企业与市场之间边界的重整。在企业之间的层面，它引发了产业链的再造，使得产业链上的角色构成、链条长短、链条的柔性与刚性等都发生了变化。

- 在产业层面，它也开始一点点地引发产业面貌的革新：电子商务服务业等新产业快速崛起；不同产业之间的大融合；100 年前公用电力大规模替代私有电力，今天则是云计算开始逐步替代私有计算。

第二章

互联网＋，未来大趋势

当前，互联网经济在全球迅速兴起，呈现出超乎想象的强劲发展势头，摧枯拉朽般改变着世界经济、社会的原有格局。互联网＋行动的兴起，缘起于如下的"大趋势"。

趋势一：信息技术呈现指数级增长趋势

 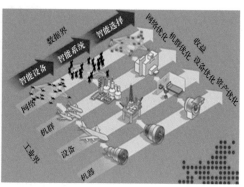

图 2.1　应用层次的深化

来源：阿里研究院。

人类社会发展从来不是渐进的平稳过程，少数重大事件决定了历史新阶段的到来。信息技术的快速开发和广泛应用，正是当下时代变迁的决定性力量。高难度模式识别、复杂沟通等领域难以逾越的高峰渐次被征服。依靠庞大数据、设备和模式识别软件，谷歌汽车实现了自动化控制。莱昂布里奇公司与 **IBM** 合作完成的机器翻译技术，商用化目标达成。工业互联网力图将复杂机器同传感器、软件结合，依托云计算、大数据技术进行系统级优化，显著加快各行业推出产品或服务的速度。计算领域摩尔定律持续得到验证。联网用户和设备数量快速增加，超过临界点之后呈现出指数级增长态势（见表 2.1）。

表 2.1 信息技术呈现指数级增长

信息技术的突破	具体体现
旧有难点的攻破	数字模式识别、复杂沟通
应用层次的深化	工业互联网、社会物理学
爆发式的增长速度	摩尔定律、梅特卡夫定律

来源：阿里研究院整理。

◇ 案例：数字模式识别的典范 ◇

2010 年 10 月谷歌在其官方博客上宣布：改装后的丰田普锐斯汽车基本实现了无人自动化驾驶，行驶里程已达 14 万公里，仅有的一次事故还是被人类司机驾驶的汽车追尾；依靠谷歌地图和街景服务的庞大数据，摄像、雷达和光达先进设备，先进的模式识别软件，谷歌汽车实现了无人工干预的自动化控制，甚至比人类驾驶员反应速度更胜一筹。

趋势二：平台经济主导新商业生态

平台经济主导的新商业生态，成为信息经济不断发展壮大的中坚力量。如第三方交易平台淘宝网协同电子商务生态伙伴，以自身百亿收入支撑了万亿规模的网络购物市场。商业生态演化呈现出开放、自组织等复杂系统特征，其治理模式也应相应转变。平台充分利用了信息技术优势、传播优势、规模优势，将相互依赖的不同群体集合在一起，通过促进群体之间的互动创造独有的价值（如电子商务平台集合了买方和卖方，搜索引擎集合了大众用户和广告商等）。

淘宝作为交易平台，聚合了众多买方、卖方以及其他电子商务服务商，形成了"大平台、小前端、富生态"充满活力的生态圈。阿里巴巴以自身百亿收入支撑了更为巨大、万亿规模的电子商务市场，体现了平台经济所主导的商业生态价值。信息经济中商业生态演化呈现出开放、自组织等复杂系统的显著特征，因此其治理模式也应相应转变。

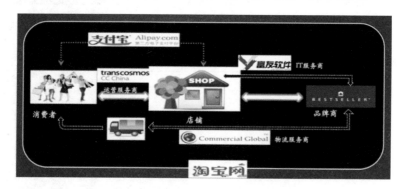

图2.2　淘宝网引领的电子商务生态系统

来源：阿里研究院。

趋势三：大数据的潜力得到了加速释放

大数据以数据量大、实时性强、类型多样、价值丰富为突出特征。数据采集、存储、处理、分析、展示技术的全面成熟，为人们挖掘这一宝藏提供了强有力的工具。信息技术的不断突破，本质上都是在松绑数据的依附，最大程度加速数据的流动和使用。

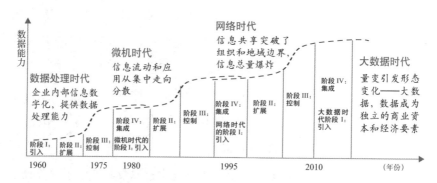

图2.3　现代信息技术的四个发展阶段

来源：阿里研究院整理。

趋势四：大众创新不断涌现

经济活力包括：革新的动力、必要的能力、对新事物的容忍度、有关的支持制度。承载经济活力的大众创新，对一个国家从跟随到领先，甚至引领世界经济发展具有至关重要的作用。善用新基础设施、激活大众创新、发展信息经济已经成为我国经济调结构、稳增长的关键（见图2.4）。

图 2.4　大众创新诠释：《大繁荣》与《阿里巴巴模式》

来源：阿里研究院。

以诺贝尔经济学得主菲尔普斯为代表的经济学家们指出：经济活力对一个国家从跟随到领先，甚至引领世界经济发展具有至关重要的作用。经济活力，一般来讲包括四个方面，一是革新的动力（机遇与挑战并存）；二是必要的能力（基础设施与人力资本）；三是对新事物的容忍度（宽松的政策环境）；四是有关的支持制度（战略导向）[1]。美国作为世界头号经济强国，长期保持在高科技领域上的优势，引领全球发展，正是因为它在释放经济活力上它不遗余力。

改革开放三十多年来，我国依靠"后发优势"，很好地利用了充足

---

[1]　埃德蒙·费尔普斯：《大繁荣》，中信出版社 2013 年版。

的劳动力供给、充分挖掘良好的人力资本积累、强化资源配置的优化、抓住了外需长期增长的机遇，取得了举世瞩目的经济和社会发展成就。

我国经济总量跃居世界第二位的同时也遭遇了人口红利消失、外需增长乏力的情况，进一步提高劳动生产率就成为我国经济持续成长、人民生活稳步提高的关键，善用新基础设施、激活大众创新、发展信息经济就成为必由之路。

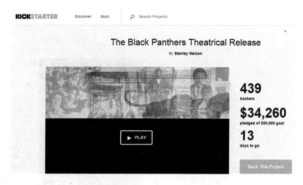

图 2.5　引领大众创新的众筹网站 KICKSTARTER

来源：阿里研究院整理。

趋势五：互联网经济体崛起

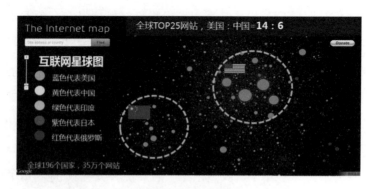

图 2.6　中美形成互联网经济体"双子星座"

来源：阿里研究院。

　　经济体，原是基于地域概念所产生的国家或地区经济的集合。然而互联网所具有的泛在性——时间泛在、空间泛在和主体泛在，使得分布式的资源配置、协同型的价值网络和跨越空间的经济集合成为可能，从而打破了实体地域的经济集合概念。互联网经济以技术为边界，将资源、要素、市场与技术整合，已在全球范围内涌现为一个巨型经济体——互联网经济体。

　　互联网对 GDP 的贡献，尤其是对 GDP 增长的贡献，占比逐年增加，互联网经济体正在成为全球经济增长新的驱动力（见图 2.7）。到 2016 年，仅二十国集团的互联网经济就将成为仅次于美国、中国、日本和印度的第五大经济体，毫无疑问，互联网经济体已经崛起。面向 2020 年，互联网经济体正在成为全球新的增长极。

图 2.7　主要国家互联网经济对 GDP 增长的贡献率

来源：阿里研究院。

趋势六：互联网跨界渗透

全球范围内互联网跨界渗透现象相当普遍，连接思想、连接人体、连接物体、连接环境的一系列创新正源源不断地产生，并显示出对传统产业的颠覆性影响（见图 2.8）。

图 2.8 互联网跨界渗透产物

来源：阿里研究院。

互联网的跨界渗透能力，体现在互联网的一整套规则和观念对其他产业的改造上。在互联网技术体中，使各种技术协同完成功能的机制是 TCP/IP 协议，因此互联网思维正是根源于这种合作机制，去中心化、重视连接、无边界、开放共赢的做法，更能发挥面向互联网的信息技术的巨大威力。互联网跨界渗透对各领域的冲击，反映了信息经济时代的风尚（见表 2.2）。

表 2.2 互联网跨界渗透实例

跨界范围	实　例	具体功能
连接思想	奈飞视频网站（Netflix）	了解观众喜好的大数据
连接人体	可穿戴设备（ZEO）	获取用户健康数据
连接物体	特斯拉汽车（Tesla）	实现汽车在线化
连接环境	温控器（NEST）	调节环境温度

来源：阿里研究院整理。

趋势七：跨境经济重塑全球经济格局

近年来以电子商务为突出代表的信息经济实践，充分体现了在重塑全球贸易格局中"跨境经济"兴起的态势。

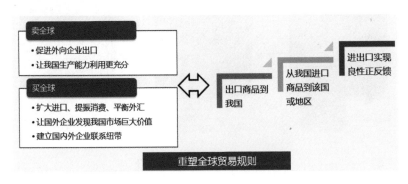

图2.9　互联网对全球贸易的改变

来源：阿里研究院。

信息技术的进步、沟通效率的提高以及商业功能的拓展，让交易匹配、跨境支付、国际物流，更大程度上由数据驱动，打破了地理空间的限制，从国内的统一大市场，逐渐延伸至"无国境"的全球市场。

目前全球领先的平台企业（电子商务领域的亚马逊、阿里巴巴，社交网络领域的脸谱、腾讯，搜索领域的谷歌、百度等），通过加强国家和地区覆盖，已成为"跨境经济"的重要枢纽。

趋势八：信息空间主导权争夺愈演愈烈

国家间的争执从对土地的索求，向经济领域推进，再到对信息空间的控制（见图2.10）。对于中国这样一个后发大国，信息空间主导权更为重要。通过制度创新，信息经济领军企业能发挥"国家企业"作用，参与国际竞争、输出技术及服务，实现规则主导、创新制胜。目前在云计算、大数据等基础设施上展开的新一轮较量迫在眉睫。抓住从"计算机＋软件"到"云计算＋数据"这一信息技术范式演变的契机，大力发展云计算服务、布局和控制数据资源就变得相当关键。

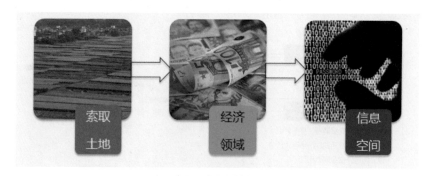

图 2.10　国家资源争夺变化

来源：阿里研究院。

第三章

互联网＋的动力之源

互联网＋的实践风起云涌，极大地转变着经济、社会的面貌，其不竭的动力来自于四个方面：一是新信息基础设施的形成；二是对数据资源的松绑；三是基于前两方面而引发的分工形态变革；四是消费者的数字化。

图 3.1　互联网＋的动力之源

来源：阿里研究院。

一、云＋网＋端——互联网＋的基础设施

经济、社会活动的正常运作，有赖于基础设施发挥其支撑功能。随着经济形态从"工业经济"向"信息经济"加速转变，基础设施的巨变也日益彰显。

短短几十年间，互联网能够从诞生到普及，再到升级为互联网＋这一新变革力量，技术边界不断扩张，从而引发基础设施层次上的巨变，则是至关重要的原因。大力提升新信息基础设施水平，互联网＋才能获得不竭的动力源泉，在经济、社会发展中彰显威力。

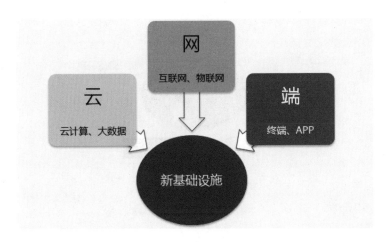

图 3.2　新基础设施云、网、端

来源：阿里研究院。

互联网＋仰赖的新基础设施，可以概括为"云、网、端"三部分（见图 3.2）。

"云"是指云计算、大数据基础设施，生产率的进一步提升、商业模式的创新，都有赖于对数据的利用能力，而云计算、大数据基础设施将为用户像用水、用电一样，便捷、低成本地使用计算资源打开方便之门。

"网"不仅包括原有的互联网，还拓展到物联网领域，网络承载能力不断得到提高，新增价值持续得到挖掘。

"端"则是用户直接接触的个人电脑、移动设备、可穿戴设备、传感器，乃至软件形式存在的应用，是数据的来源，也是服务提供的界面。

新信息基础设施正叠加于原有农业基础设施（土地、水利设施等）、工业基础设施（交通、能源等）之上，发挥的作用也越来越重要。

1. 新基础设施：云

随着通信网络的大规模建设，带宽不再成为网络计算的瓶颈，人们有动力运用网络的力量，提升自身的能力，获得竞争优势。"云计算"正是在这种情况下应运而生的（见图 3.3）。

图 3.3　新基础设施：云

来源：阿里研究院。

前网络时代的大型机、小型机和个人计算机，正像工业水车、蒸汽机、发电机一样，在提供着分散且有限的计算能力；通用的网络协议，就像采用交流传输和变压器，让计算机之间的沟通和计算能力的分享成为可能；网络时代的客户机／服务器模式，近似于分散的小型电厂，能在一定程度上分享网络计算能力，但规模和功能受限；而"云计算"服务平台，则可以像中央电厂一样提供成本更低、灵活程度更高、通用性更强的"计算服务"。

正是商业企业对竞争优势的追求，技术的不断进化，让"云计算"服务成为信息时代的电力和经济发展的引擎，让"云计算"平台成为这个时代最重要的基础设施。

"云计算"服务，为众多行业的企业提供了突破性的发展契机，催生了新经济创新发展的良好氛围（见图 3.4）。

图 3.4　云计算服务帮助小企业做大事

来源：阿里研究院。

◇ 案例：小企业快速成长 ◇

北京玩蟹科技是专注于移动互联网游戏产品开发和运营的创新企业。80 后年轻人领导的 100 余人的团队，在经营了两年之后，以 17.39 亿元被掌趣科技并购，创造了游戏行业的一个奇迹。正是"云计算"低成本、快速满足需求、高可靠性的特质，支撑了中小企业的异军突起。

2. 新基础设施：网

(1) 互联网基础设施逐步完善

我国拥有全球最大的上网用户群体，约 6.5 亿人。工信部公布的数据显示，截至 2014 年年底，全国移动宽带用户累计达到 5.83 亿户，4G 用户总数已达 9728 万户；公共 WiFi 接入点超过 587 万个。2014 年全年信息消费规模达到 2.8 万亿元，同比增长 18%。整体看我国宽带速率近年来增长较快，国际排名也不断提升，但与日韩欧等发达国家相比还有一定差距（见表 3.1）。

表 3.1　2013 年世界宽带普及率比较

（单位：%）

	固定宽带普及率	移动宽带普及率
中　国	14.0	29.7
发达国家	27.0	74.8
发展中国家	6.0	19.8
全　球	10.0	29.5
欧　洲	27.0	67.5
美　洲	17.1	48.0
独联体	13.5	46.0
阿拉伯国家	3.3	18.9
亚太地区	7.6	22.4
非　洲	0.3	10.9

来源：来自工业和信息化部电信研究院研究报告。

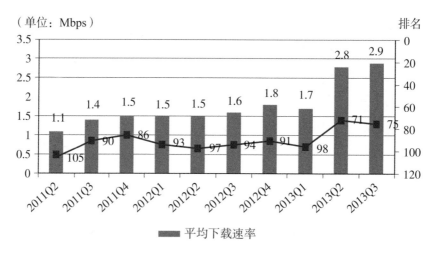

图 3.5　近年来中国宽带下载平均速度及国际排名情况

来源：来自工业和信息化部电信研究院研究报告。

（2）物联网蓬勃兴起

2014 年，我国物联网销售收入约为 6000 亿元，随着传感器、4G 技术和芯片设计制造的发展，我国物联网技术研发不断取得突破，已逐渐形成规模化应用，商业模式逐步成熟。目前，国内已有 900 万用户参与到物联网中来，而且用户增长还在不断翻新中。物联网就是把传感器装备到各种真实物体上，通过互联网连接起来，进而运行特定的程序，达到远程控制或者实现物与物的直接通信。射频识别标签（RFID）、传感器、二维码等，经过接口与无线网络相连，从而给物体赋予"智能"，可实现人与物体的沟通和对话，也可以实现物体与物体互相间的沟通和对话。物联网的发展有了新兴的"云计算"服务作为支撑，将提升过去在数据存储、处理和分析上能力欠缺的问题，焕发出新的活力。IDC 研究报告显示，全球物联网解决方案市场规模将从 2013 年的 19 亿美元增长到 2020 年的 71 亿美元。全球物联网装机量从 2013 年到 2020 年的复合年增长率将达到 17.5%，增长到 2120 亿台。

3.新基础设施：端

以智能终端为代表的用户设备，在云计算、大数据设施和应用软件服务的助力下，正成为大数据采集的重要源头和服务提供的重要界面。

工业和信息化部电信研究院《移动互联网白皮书》指出：移动智能终端已成为全球最大的消费电子产品分支。全球移动智能终端在 2010 年年末首次超过 PC 同期出货量，约为 PC 同期出货量的 3 倍，2014 年出货量约 12 亿部，成为当今市场容量最大的电子产品分支。移动终端智能化进程带动计算机与电视设备革新，2014 年平板电脑全球年出货量达到 2.65 亿台。

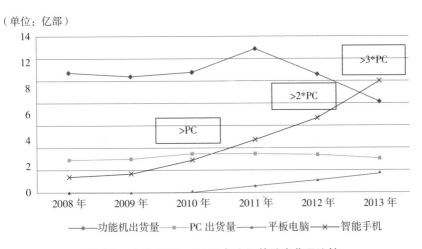

（单位：亿部）

图 3.6　全球 2008—2013 年主要终端出货量比较

来源：来自工业和信息化部电信研究院研究报告。

中国已成为全球智能终端增长的绝对主导力量，并引领全球移动市场智能化演进。2014 年中国智能手机出货量更达到 4.52 亿部，全球份额贡献逼近 40%。

以智能终端为接入界面，互联网内容逐渐从门户网站主导的网页形式向异彩纷呈的 App 应用程序转变。App 应用程序更多以云计算服务为支撑、通过后台丰富的数据驱动，开发和发布的门槛降低、创意受到极大激发。

4. 基础设施投资主体转向个人

目前，按每部手机 1000 元、两年更换一部手机计算，人们在移动设备上投资额是巨大的，几年内可达万亿级别。同样云计算基础设施也是由阿里巴巴、腾讯、百度等民营企业建设和运营，无论是用户规模还是技术水平均位于世界前列。

商业基础设施	工业经济	信息经济
交易技术	有形市场、现金支付、柜面支付为主	无形市场、网络支付、移动支付
物流仓储	铁路、公路、仓库	智能物流仓储网络
信息通讯	电报、电话、电视	互联网、云计算

图 3.7　新基础设施升级

来源：阿里研究院整理。

新基础设施的投资就由过去的政府或者国有大企业主导，逐渐向民营企业和个人主导转向。由于投资主体的变化，服务模式和控制权也发生了显著改变，从事基础设施服务的民营企业，必须持续创新以扩大规模、获取潜在收益；消费者主导权增强，用手中的设备"投票"，直接决定企业的生死存亡。因此，信息经济的治理模式，也将从原有的集中控制向依靠大众创新、共同治理方向转变。

二、数据资源——互联网＋的核心生产要素

人类社会的各项活动与信息（数据）的创造、传输和使用直接相关。信息技术的不断突破，都是在逐渐打破信息（数据）与其他要素的紧耦合关系、增强其流动性，以此提升使用范围和价值，最终改进经济、社会的运行效率。

信息（数据）成为独立的生产要素，历经了近半个世纪的信息化过程，信息技术的超常规速度发展，促成了信息（数据）量和处理能力的爆炸性增长，人类经济社会也进入了"大数据时代"。

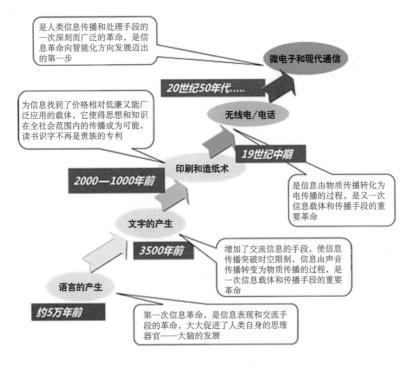

图 3.8　人类社会的历次信息革命

来源：阿里研究院整理。

IDC 于 2012 年 12 月发布了研究报告《2020 年的数字宇宙：大数据、更大的数字阴影以及远东地区实现最快增长》。数字宇宙是对一年内全世界产生、复制及利用的所有数字化数据的度量。从 2013 年到 2020年，数字宇宙的规模每两年将翻一番。2012 年中国总体数据量占世界的 13%，而到 2020 年将提高到 21%。

三、实时协同的分工网络——互联网＋的分工体系

信息基础设施建设和能力提升，加速了信息（数据）要素在各产业部门中的渗透，直接促进了产品生产、交易成本的显著降低，从而深刻影响着经济的形态。

信息技术革命为分工协同提供了必要、廉价、高效的信息工具，也改变了消费者的信息能力，其角色、行为和力量正在发生根本变化：从孤陋寡闻到见多识广，从分散孤立到群体互动，从被动接受到积极参与，消费者潜在的多样性需求被激发，市场环境正在发生着重大变革。

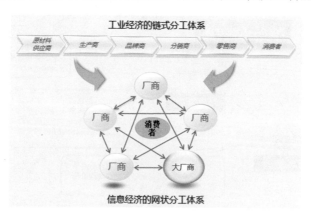

图 3.9　工业经济到信息经济分工变化

来源：阿里研究院。

以企业为中心的产消格局，转变为以消费者为中心的全新格局。企业以客户为导向、以需求为核心的经营策略迫使企业组织形式相应改变。新型的分工协同形式开始涌现。

• "小而美"是企业常态：企业不必维持庞大臃肿的组织结构，低效、冗余的价值链环节将消亡，而新的高效率价值环节兴起，组织的边界收缩，小企业成为主流。

• 生产与消费更加融合：信息（数据）作为一种柔性资源，缩短了迂回、低效的生产链条，促进了C2B方式的兴起，生产与消费将更加融合。

• 实时协同是主流：技术手段的提升、信息（数据）开放和流动的加速，以及相应带来的生产流程和组织变革，生产样式已经从"工业经济"的典型线性控制，转变为"信息经济"的实时协同。

• 就业途径更多样：年轻一代经由网络、利用外包方式，可以充分安排自己的时间和工作的地点，为多家企业提供服务，比如翻译、设计、客户服务等工作，企业的雇佣方式和组织形式、人们的就业方式和收入结构，都将出现改变。

四、消费者的数字化——互联网＋的坚实用户

据统计，目前被称为第一代"互联网原住民"的90后数量约有1.4亿，约占全国总人口的11.7%。[①] 从社会学角度来讲，总人口的十分之一已经是一个数量庞大的青年群体，90后的价值观及在价值观引导下的理念和行为，将在很大程度上影响中国社会的命运和走向，他们在未来10年将成为中国消费市场的中坚力量。研究表明，90后人群内心极度渴望证明自身的独特价值，主要消费诉求表达为：崇尚个性化生活、喜爱购买

---

① 零点咨询：《走进90后》。

彰显自身价值主张的物品、追求满足心理自主的多元化服务等。

在过去，消费者购买行为只和商家产生关系，而如今互联网独有的社交链接方式使消费者彼此之间也产生了联系；在过去，消费者的购买行为必须在实体空间场所（如商场）发生，而互联网通过网络平台打破了传统渠道垄断格局，提供大量丰富的长尾商品供个性化的新一代消费者选择。

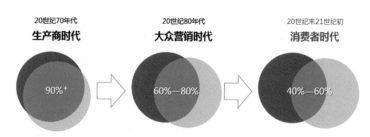

图 3.10　20 世纪末 21 世纪初迎来消费者时代

来源：阿里研究院。

互联网特别是移动互联网正在改变着我们生活的基础结构，基于移动互联网的智能手机、智能可穿戴设备，帮助消费者实现了沟通的"瞬间无缝连接"，一旦这种连接发生，消费者便不再以"个体"形式存在，而是以"同好聚合"的"群组"形式存在，"群组"内部沟通方式是一种基于消费者之间的平等交流（见图 3.11）。

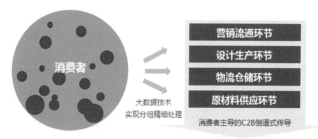

图 3.11　消费者时代新图景

来源：阿里研究院。

消费者基于同好聚合而产生的碎片化需求，包括消费者的消费习惯、偏好等，商家通过大数据技术实现对"端"表现出的特征进行归纳、计算和输出，使得需求得以向市场供给端输送。这些经技术手段精细处理的碎片化需求，最先传导至营销流通环节、再到设计生产环节、物流仓储环节、原材料供应环节。消费者基于互联网所在的虚拟空间产生的自发聚合与互动，形成新的社会力量，这就是 C（Customer）端力量的崛起，这种崛起重构了 B（商家）与 C（消费者）之间的关系，即消费者主导的 C2B（Customer to Business）倒逼式传导模式逐渐形成。消费者正在占据市场主导地位，并不断参与各个商业环节。

第四章

互联网＋，新常态新动力

互联网＋，为新常态注入新动力，成为驱动经济发展的新引擎。2014 年，全国网络零售交易规模 2.79 万亿元，同比增长 49.7%，增速比社会消费品零售总额高出 37.7 个百分点，相当于社会消费品零售总额的 10.6%。在电子商务高速发展的推动下，全年邮政业务比上年增长 35.6%，其中快递业务量比上年增长 51.9%，快递业务收入增长 41.9%。互联网促进流通，扩大消费，带动就业增长，提升就业质量，助力新型城镇化，优化传统产业，对经济增长的支撑作用日益增强。

一、进入新常态，需要新动力

习近平主席在系统阐述"中国经济新常态"时表示，中国经济的增长动力已从要素驱动、投资驱动转向创新驱动。互联网经济首重创新，这和中国经济新常态的新动力不谋而合。在 2014 年 11 月举办的"首届世界互联网大会"上，习近平主席更是在贺信中强调，"互联网日益成为创新驱动发展的先导力量，深刻改变着人们的生产生活，有力推动着社会发展"。两次表述向我们传达了明确的信号，那就是：中国未来靠创新驱动，而互联网是创新的先导。

习近平首次明确概括
中国经济新常态

中国正在接近追赶式发展的边界，无可避免地遇到发展方式转变、增长动力转换的问题。2010 年 1 季度起，GDP 增速从 12.3% 回落到 2015 年 1 季度的 7%，增长放缓持续了 20 个季度。2015 年 3 月 5 日，李克强总理在《政府工作报告》中称，中国 2015 年经济增长目标降为 7% 左右。

外贸形势严峻。2015 年 3 月，中国进出口双双下降，进口下降 12.3%，出口更是下降了 14.6%，出现了近年来少有的降幅。国际市场

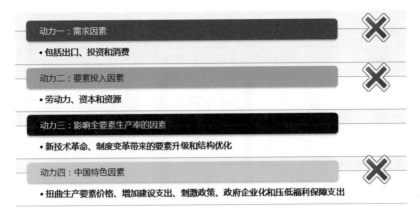

图 4.1　原有经济动力受到挑战

来源：阿里研究院。

图 4.2　2003—2014 年中国 GDP 增长率

数据来源：国家统计局（2014 年）。

需求不振，出口订单减少。

人口红利消失。2010 年中国 15—59 岁劳动年龄人口的增长达到峰值，2011 年起该年龄段人口出现负增长，2012 年 15—59 岁人口减少了 345 万，劳动人口占总人口的比重也比 2011 年下降 0.6 个百分点。相应的人口抚养比开始上升，意味着人口红利开始消失，推动经济高速增长的因素相应减弱。

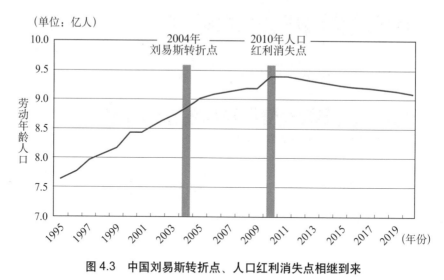

图 4.3　中国刘易斯转折点、人口红利消失点相继到来

来源：蔡昉：《破解中国经济发展之谜》，中国社会科学出版社 2004 年版。

资源压力增大。中国是人均资源稀缺国家，在我国发展工业过程中，对能源、资源消耗巨大，经济发展、资源消耗、环境保护等问题需要用新思维、新方式统筹协调处理。

世界经济论坛（WEF）的《全球竞争力报告》根据人均 GDP 以及初级产品占出口份额的情况，把经济体分为三个层次：要素驱动型经济体、效率驱动型经济体和创新驱动型经济体。当前，我国面临由效率驱动向创新驱动转型。依靠"直接推动需求扩大""加大原有要素投入"和"政府过多介入经济"这类手段，难以维持经济的长期、可持续发展阶段。我国在人口红利消失后，驱动经济增长的动力源泉就是依靠技术革命和制度创新，充分提高全要素生产率。

二、互联网＋，增长新引擎

麦肯锡全球研究院研究报告显示，2010 年中国的互联网经济占

GDP 的 3.3%，落后于很多发达国家。到 2013 年，中国的互联网经济已占 GDP 的 4.4%，跻身全球领先行列（见图 4.4）。若将 C2C 类电子商务包含在内（其他发达国家此类电子商务规模较小），中国的互联网经济将占到 GDP 的 7.0%，远超出七国集团（G7）的水平。

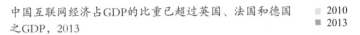

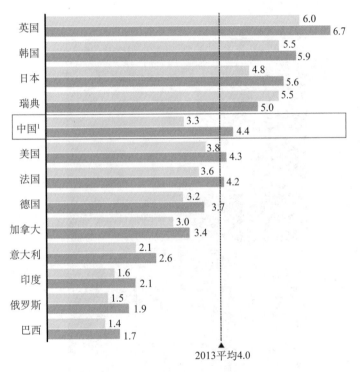

图 4.4　2013 年各国互联网经济在 GDP 中的比重

来源：麦肯锡全球研究院：《中国的数字化转型：互联网对生产力的增长与影响》。

互联网 + 也成为"新常态"下的新引擎。互联网经济仿佛一块新大陆，将资源、要素、市场与技术进行整合，并迅速成为一个新兴、无边界的经济体。互联网经济体拥有巨大的网络效应和协同效应，随着互联网用户增长、应用的丰富，其经济体量、社会价值呈指数级增长。

三、互联网＋，诠释新常态

1. 带动创业就业增长

李克强总理曾经多次强调，"国家的繁荣在于人民创造力的发挥，经济的活力也来自就业、创业和消费的多样性"。互联网基础设施为大众创业、万众创新提供了低成本平台。

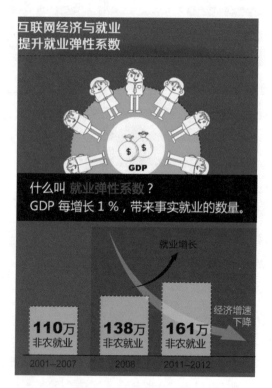

图 4.5　互联网带来服务业就业弹性系数变化

来源：阿里研究院。

互联网同时在重塑中国劳动力市场。一是以互联网为代表的服务业显著提升就业弹性系数（见图 4.5）。尤其是 2011 年和 2012 年，经济增速虽然从 10.4% 下降到 7.7%，但是平均每个百分点的 GDP 增长拉动了

161 万的非农就业。

图 4.6　互联网对就业结构的改变

来源：阿里研究院整理。

　　麦肯锡报告，显示截至 2009 年，互联网每减少 1 个就业岗位的同时也增加 2.6 个工作机会。同时，互联网的应用带动了更多高技能岗位的需求。

　　2014 年 2 月，人力资源和社会保障部、中国就业促进会发布的《网络创业促进就业研究报告》指出，我国网络创业带动的就业已累计制造岗位超过 1000 万个，有力缓解了近几年的就业压力，并日益成为创业就业新的增长点（见图 4.7）。

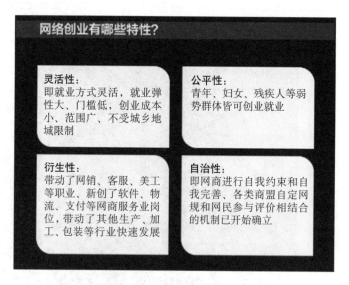

图 4.7　网络创业特性

来源：人力资源和社会保障部、中国就业促进会：《网络创业促进就业研究报告》。

2.促进流通，扩大消费

借助互联网等信息技术，全国统一的大市场逐步形成，高效的流通体系让生产、消费无缝对接，帮助商家减少了库存，让 GDP 的质量更为健康。

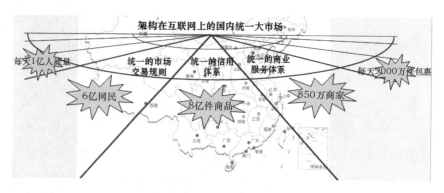

图 4.8　架构在互联网上的国内统一大市场

来源：阿里研究院。

淘宝网作为架构在互联网上的商务交易平台，促进了商品供给—消
费需求数据/信息在全国、全球范围内的广泛流通、分享和对接：10亿
件商品、850万商家、3亿消费者实时对接，形成一个超级在线大市场(见
图4.8)。

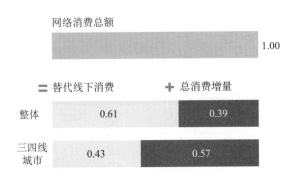

图4.9　网络消费总额中线上新增消费与替代线下消费的关系

来源：麦肯锡：《新基础：消费品流通之互联网转型》报告（2013）。

麦肯锡2013年发布的研究报告显示：每百元网购消费中，39%是没
有网络零售则不会产生的新增消费，这一比例在三四线城市更高达57%
(见图4.9)。按照淘宝网2014年2.27万亿交易额计算，如果新增消费系
数不变，仅淘宝网带来的新增消费就达到8800亿元。到2020年，我国
网购规模将达到10万亿规模，其对经济增长的支撑作用将更加明显。

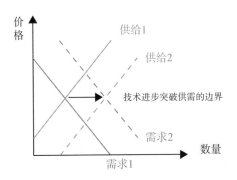

图4.10　技术进步释放有效供给与需求

来源：阿里研究院（2013年）。

3. 促进传统产业优化升级

互联网对实体经济的改造，以传媒业、流通业为起点，然后逐步向上下游渗透，最后整个经济活动都会迁移至互联网，并完成流程再造（见图 4.11）。

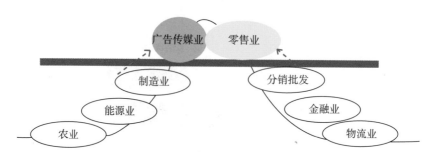

图 4.11　各产业部门向互联网迁移

来源：阿里研究院（2013 年）。

世界范围内，"工业化"的发展已经进入新阶段，不论是"第三次工业革命""工业互联网"，还是"工业 4.0"的观念与实践，均离不开对互联网的重视和对新一代信息技术的依赖。发挥对信息（数据）深层利用的价值，提升工业生产能力、增加产品附加值、加快创新速度和降低能耗水平，是各国工业发展的核心追求。我国的新型工业化也不例外，只有强化工业的信息技术含量，才能走出一条提升劳动生产率形成持续增长的成功之路，才能将中国的制造业"优势"转化为未来世界制造业基础设施的"胜势"。通过互联网形成的 C2B 模式，为中国工业企业指明了定制化、柔性化、智能化的新发展方向。

这些新产业、新业态、新产品、新模式尽管目前尚未形成规模，但却代表着新兴的增长动力，是中国未来经济的希望所在。

第五章

跨境电子商务助力外贸转型

跨境电子商务，指利用互联网、现代物流与支付等信息经济基础设施，以网络方式进行交易和服务的跨境贸易活动，是传统外贸商业活动各环节的网络化、数据化和透明化，具有面向全球、流通迅速、成本低廉等诸多优势。

一、跨境电子商务帮助传统外贸转型升级

1. 优化外贸产业链，加速利润回归

传统外贸经济下，由于信息、支付、物流限制，出口商品到达消费者手上，一般需要四到七个中间环节，中国制造商的利润被多重中间商稀释。在跨境电子商务模式下，传统的国际贸易供应链更加扁平化，传统贸易中一些重要的中间环节被弱化甚至替代，中间成本被挤压甚至完全消失，这部分成本被很大程度转移出来，变成生产商的利润，另一部分成为消费者获得的价格优惠，国际贸易的成本在产品价格中的比重大幅度降低，跨境电子商务帮助"中国制造"实现利润回归（见图5.1）。

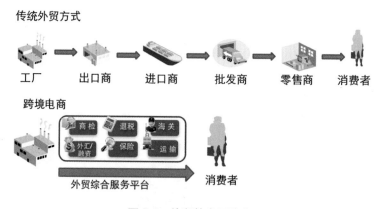

图 5.1　外贸的发展演变

来源：阿里研究院。

2. 帮助小企业快速成长

跨境电商平台提供的专业服务可以代替传统贸易中贸易、金融、外语等专业人才的作用，使得过去复杂的国际贸易变得简单、透明。这些可使小企业进入国际贸易的门槛和进出口成本大大降低，有助于帮助中小制造企业快速成长。在跨境电商平台的帮助下，小企业有机会与大企业平起平坐、同台竞技。在一定意义上讲，互联网真正帮助了小企业发展，为广大中小企业全面参与全球贸易提供了一个平等便利的国际舞台。

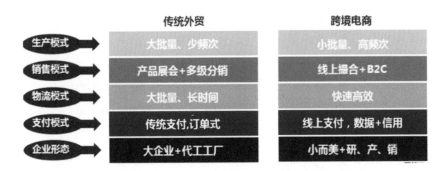

图 5.2　跨境电商与传统外贸的比较

来源：阿里研究院。

3. 推动中国制造向价值链上游挺进

长期以来，由于缺乏先进技术和自主品牌，我国的外贸代工企业始终处于国外品牌商的依附地位，在全球价值链中处于产品附加值的最底端。

跨境电子商务能够有效打破渠道垄断，节约交易成本，缩短交易时间，开拓营销渠道，为我国企业创建品牌、提升品牌的知名度提供有效的途径，尤其是给一些"小而美"的小企业创造了新的发展空间。

◇ 案例：速卖通商家深圳市卡奈尔珠宝 ◇

深圳市卡奈尔珠宝首饰有限公司，是一家从事网络饰品生产、加工、批发、零售的企业。成立 8 年来，从依靠批发商供货，到自己做工厂，再到自身研发设计，形成了研、产、销及物流的完整产业链，逐步实现了珠宝首饰价值链的升级，利润率从工厂代工的 10% 增加到自主品牌的 30% 以上。在全球饰品同质化严重、技术含量偏低的情况下，通过速卖通等跨境电子商务平台，积累了消费数据，扩大了销售渠道，提升了研发水平，创建出 ROXI 等自有品牌，产品远销俄罗斯、巴西、日韩、欧美等地区。ROXI 更是被速卖通评为优质供应商品牌和俄罗斯最受欢迎的中国饰品品牌。

图 5.3　速卖通商家深圳市卡奈尔珠宝

来源：阿里研究院。

二、发展跨境电子商务的战略意义

1. 促进传统外贸转型升级

近年来，美国等主要发达经济体开始复苏，但我国国内经济下行压力加大，外贸传统竞争优势弱化。中国土地、劳动力、环境等资源要素的压力使制造业外资流入减少，制造业成本不断上升，劳动密集型产业加速向东南亚国家转移。

据多家机构统计，2013年我国跨境电商交易额突破5000亿美元，这个数字让人惊叹的原因在于，它在中国外贸中已经开始扮演重要角色，约占到中国进出口贸易额的10%—15%。可以参照的是，2013年，中美双边贸易额5210亿美元[①]，中国与金砖国家之间超过3000亿美元[②]。近几年，跨境电商年增速约30%，预计今后一段时期仍将保持高速发展。与此同时，中国出口增速仅仅在6%—7%的增速(见图5.4)。跨境电商的增速几乎是出口增速的5倍，可谓是寒冬中的一枝独秀。

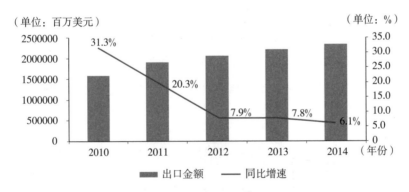

图5.4　2010—2014年中国出口增速

来源：中国海关信息网。

2. 拉动服务贸易发展

跨境电子商务，带动了国内制造业、运输物流业、金融业、信息服务业、仓储业等所有相关产业的快速发展，同时也创造了新的税源，扩大了就业。能否抓住机遇通过政策、监管等手段促进货物贸易与服务贸易形成一个良性的互动，对整个国民经济的产业升级和结构调整，形成

---

① 商务部发言人沈丹阳，例行发布会，2014年1月。
② 《金砖国家贸易发展年度报告（2013—2014年）》，2014年12月。

新一轮的经济增长将起到至关重要的作用。

　　跨境电子商务的发展解决了小企业找外贸订单的问题，通过跨境电子商务平台完成小订单与小需求的对接，相比传统贸易方式极大地节约了成交成本。特别是外贸综合服务平台则通过一站式服务，在保证高效低成本地完成交易的同时，还满足了外贸"跨境"国与国之间管理差异化要求。

◇ 案例：外贸综合服务平台一达通 ◇

　　一达通通过互联网为全国的中小微企业提供通关、退税、融资、物流等一系列外贸出口服务；联合商业银行为小企业提供信用贷款，无抵押无担保，随借随还。数据显示，截至 2013 年 12 月，一达通平台服务中小微企业达 15000 多家。为中小微企业提供贸易融资 55 亿元人民币，在银行无一笔坏账发生。为中国外贸升级转型提供了一个重要路径。

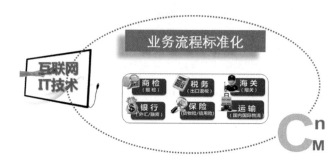

图 5.5　一达通提供一体化外贸服务

来源：阿里研究院。

3. 让信用等于财富

　　长期以来，信用积累和展示是全球中小企业实现"卖全球"的瓶颈，也是实现 B2B 跨境在线交易的巨大障碍。由于欺诈和质量纠纷时有发生，中小微外贸企业的信用问题突出。一些中小企业的诚信价值没有体现，而欺诈违约者则在贸易中获得了不正当利益，危害国际贸易秩序。互联网技术和大数据技术提供了更好的动态积累数据、动态评估数据、动态应用数据、动态展示数据的信用机制，具有解决这一问题的很大潜力。

图 5.6   跨境电商信用体系

来源：阿里研究院。

4. 新趋势呼唤新规则

WTO 是工业经济时代建立的国际组织，政府和跨国企业在其中起主导作用，具有权力结构中心化的特点。随着互联网和电子商务的快速发展，去中心化的国际贸易形态日益明显。在科学技术进步和市场力量推动下，国际贸易体系将发生新的变化，将出现新的技术和贸易规则。

跨境电商生态体系的发展，推动越来越多的多边框架和国际规则来解决跨境电商相关的多国海关、跨境物流、跨境支付的保障和规范问题。互联网＋外贸的发展将影响互联网时代的 WTO 规则，帮助中国企业赢得新规则下的贸易主导权。

5. 加速人民币国际化进程

以人民币计价的电子支付及相关金融产品目前在国内的发展正趋于成熟，在这方面中国应该说已经走到了世界的前列。跨境电子商务的碎片化模式对人民币这种新兴的国际货币的发展是一次机遇，可以充分发挥后发优势进行多方面的尝试。

第六章

互联网＋制造业，
从中国"制造"到中国"智造"

从制造业产业链分工上看，中国制造业企业大多从事生产、组装等产业附加值较低的环节，与国际先进制造业相比，在产品研发、销售和售后服务等方面还存在较大差距。2001 年中国加入 WTO 以来，依托于巨大的海外出口市场需求，利用相对廉价的劳动力优势，中国制造业，尤其以加工出口为主的传统生产制造企业取得了长足发展，并在长三角、珠三角等沿海发达地区形成了较为完整的制造业产业集群。但是大部分中国制造业企业都会面临订单不稳定、产品同质化竞争激烈、产品创新能力不足等发展问题。例如，在南非世界杯出尽风头的呜呜祖拉，90%均产自中国宁波，在南非的零售价是 54 元，出厂价仅 2 元，每卖一个呜呜祖拉，中国厂家和工人各赚 1 毛钱。原工信部部长、全国政协委员李毅中认为，"低端制造业，我们存在产能过剩问题，现在竞争不过东南亚等国家；高端制造业，尽管发展很快，可跟欧美等发达国家相比仍有差距。现在中国的工业处于中间地带，受到两头挤压"（见图 6.1）。

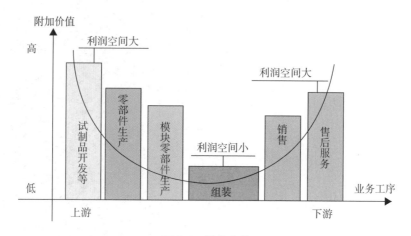

图 6.1　微笑曲线

来源：施振荣：《再造宏碁：开创、成长与挑战》，中信出版社 2005 年版。

在当前市场的发展阶段，优化企业运营效率，实现产品和服务的差异化优势是制造业企业市场竞争的焦点。未来的十年，是中国制造业转型升级的十年，也是互联网经济大发展的十年。在这个过程中，互联网将成为帮助"中国制造"转型升级、提升利润的最佳手段。通过互联网＋，可以整体上提高我国制造业的生产力系统水平，促进社会化协作的供应链形成，提升制造企业生产、研发、管理水平，协助制造企业实施质量和品牌战略，协助带动中小制造企业发展。

一、提升生产力系统能力：让 C2B 制造成为可能

信息技术是促进传统工业制造业改造升级、提升生产率、推进工业现代化必不可少的重要手段，更是促进工业制造业结构优化升级的重要动力。当前，全国性的电子商务服务平台不仅仅有效地消除了规模屏蔽、降低了资金门槛、提升了企业的生存力和发展力、使广大的中小制造企业共同受益。例如，协调大规模低成本的标准化生产与用户需求的"个性化""快速化"的矛盾，制造业采用商业智能分析等分析客户个性化需求，提供更快捷、成本更低的服务，与客户高效互动，使得产品可以快速迭代更新等。

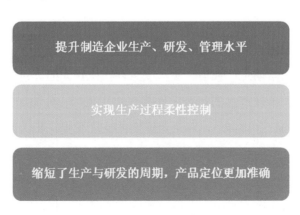

图 6.2 互联网＋制造业提升我国生产力系统水平

来源：阿里研究院。

首先，互联网可以提升制造企业生产、研发、管理水平。互联网构成虚拟社会中的整个商品交易庞大网络，使得实体社会中商品的盲目实物移动转变为有目标的实物移动。借助于互联网的信息沟通和需求预测，企业可以组织有效生产，形成高效流通、交换体制，有效克服企业在传统的生产方式、研发、库存等方面的缺陷，适时把握市场需求，提高企业生产决策科学化水平，合理控制库存，提高企业资金利用率。

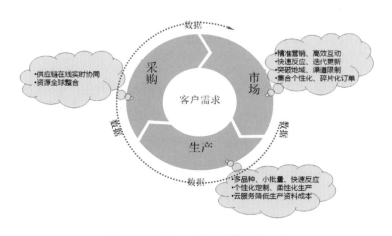

图 6.3　互联网＋制造业的系统影响

来源：阿里研究院。

其次，互联网有助于实现生产过程柔性控制。传统工业化模式下的大批量、规模化、流程固定的流水线生产，基本上是以某时间段的销量为参考来决定本期生产规模，生产决策存在比较大的盲目性；同时由于信息不对称，涉及产品的每个零件都在本厂生产，外协加工工序较少，占用了大量的资金和资源，对企业规模化经营不利，难以实现利润最大化。而基于互联网的生产方式是需求拉动型的生产，网络将生产企业和消费者联系在一起，使消费需求信息得以迅捷地传达给生产者，据此组织生产，使得生产方式由大批量、规格化的典型工业化生产向顾客需求拉动型生产转变，在生产过程中实现柔性化管理。现在，在淘宝网上，"多品种、小批量、快翻新"正在逐步成为主流。

以服装业为例，长尾效应也越来越显著，一款女装销售百余件，在淘宝网上就是一个很普遍的现实。这意味着，企业生产体系必须适应"多品种、小批量"的要求，甚至定制生产，才能"接得住"蓬勃的个性化需求。在生产端，从纺织机械来看，近年来中国服装行业对数码印花、数控裁床、三维人体测量仪、小型染缸等适应于柔性化生产的设备，开始加大了引入力度。从软件来看，诸如爱科在线的服装自动排料服务，以软件即服务（SaaS）方式推动着中高端软件走向普及化。从生产方式来看，原来的服装企业大都采取捆包制的大规模生产方式，电商生产企业则越来越多地开始采取更适应于多品种、小批量生产的单件流通生产方式。例如，广东东莞共创供应链专门服务电子商务服装企业，创始人林恒毅按照精益生产（TPS）、瓶颈管理（TOC）等先进制造业理念对生产线进行了彻底改造，摒弃了传统服装生产线上普遍采用的"捆包制"生产方式，而是采用"单件流"小批量转移的流水作业方式，实现了"可大可小"的柔性化生产。

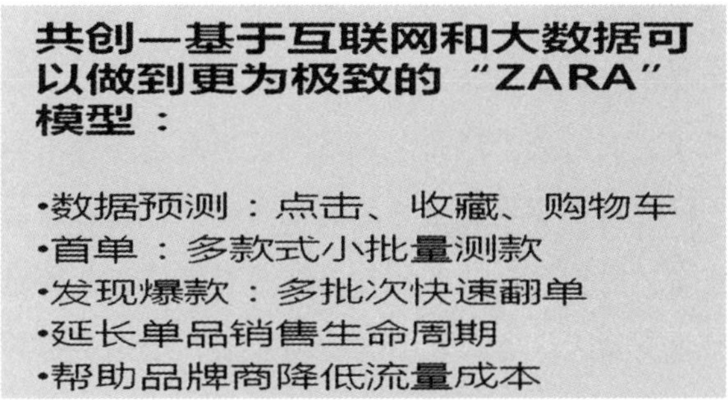

共创—基于互联网和大数据可以做到更为极致的"ZARA"模型：

· 数据预测：点击、收藏、购物车
· 首单：多款式小批量测款
· 发现爆款：多批次快速翻单
· 延长单品销售生命周期
· 帮助品牌商降低流量成本

图 6.4　基于互联网的柔性生产的效果

来源：阿里研究院整理。

事实上，互联网上大量分散的个性化需求，正在以倒逼之势，持续地施压于电子商务企业的销售端，这将反向推动单家企业在生产方式上具备更强的柔性化能力，并将进一步推动整条供应链乃至整个产业，使之在响应效率、行动逻辑和思考方式上逐步适应快速多变的需求。

最后，互联网缩短了生产与研发的周期，产品定位更加准确。互联网提高了信息和资金的流转速度，提高了运营效率，缩短了生产周期，从而降低了单位产品的生产成本。另外，互联网环境下，厂商总是用自己全新的技术和产品赢得市场，以在竞争中获得胜利。随着人们生活、消费水平的提高，人们更加要求高质、高速的个性化服务，企业即使花费巨额资金进行研发工作，若周期过长，也是明日黄花。在互联网上，消费者可以互动的方式进行订购，并协助企业设计出一套解决方案，使企业最大可能地理解顾客、理解消费者，从而使产品几乎以零开发周期的速度进入市场。

◇ 案例：小米手机 ◇

小米手机无疑是近年来最受关注的制造业品牌，互动式产品研发＋品牌营销＋电子商务＋C2B预售＋零库存供应链值得关注。

互动式产品研发＋品牌营销：小米品牌最早定位于"手机发烧友"，从产品的早期概念设计、功能研发、产品预售和售后服务等各个环节，都允许用户全程参与其中。通过开发者社区和用户社区，小米可以随时收集到"手机发烧友"关于产品和应用的设想及用户使用体验。小米的开发者每隔一段时间都会根据用户的反馈和设想，发布新的系统版本或应用。这种互动式的产品研发既能够给消费者带来全新的服务体验，也能够提升产品本身的竞争力。在品牌营销方面，小米更是善于运用微博等新媒体平台，培养品牌粉丝，并利用口碑宣传的作用扩大品牌知名度和影响力。

电子商务＋C2B预售：小米手机是基于互联网思维的产业创新典范，"电子商务＋C2B预售"的销售模式彰显出与其他传统厂商依赖实体渠道的区别。小米官网，小米天猫旗舰店和一些实体体验店共同构成了小米的品牌销售体系。与苹果产品类似，饥饿营销也是小米手机一个展示品牌价值的地方。

零库存供应链管理：对于小米而言，实现零库存并不完全是供应链体系的功劳，而是整个商业模式设计的成果。C2B 产品预售和电子商务本身的高效，让小米能够根据市场需求来安排产品配件的采购和生产，从而将库存需求降到极低或为零的程度。零库存供应链的实现不仅减少产品的库存成本，延后三个月供货，对于翻新速度极快的 3C 家电行业，也成功地避免了未来三个月后的市场价格下降的损失。

图 6.5　小米手机的商业模式启示

来源：IDC 咨询 ＆ 阿里研究院整理分析，2013 年。

二、互联网助力制造企业"提质创优"

作为一个极为重要的商务信息载体和运送平台，电子商务也为品牌的树立和成长提供了良好的环境。

1. 降低企业的营销成本

企业通过互联网进行广告宣传及市场调查，构筑遍及全球的营销网络，改变了市场准入及品牌定位等规则，建立起无中介的销售渠道，与消费者直接接触，既降低了流通费用和交易费用，又加快了信息流动速度。同时，网络宣传可以大大降低品牌打造及营销成本。据 IDC 公司的调查，利用互联网作为广告媒体进行网上促销活动使销售额增加 10 倍，而费用只是传统广告方式的 1/10，而且更加精准。

◇ 案例：淘品牌的迅速崛起 ◇

阿里巴巴集团推出的基于互联网电子商务的全新的品牌概念——"淘品牌"，是"淘宝和消费者共同推荐的网络原创品牌"的概念。经过多年培育，目前已成功打造一批具有影响力的淘品牌，如尼卡苏、斯波帝卡、韩都衣舍、裂帛、七格格、MRING、五季梦、御泥坊、歌瑞尔、芳草集、摩登小姐、Tenante、小狗电器、百普拉姿等。

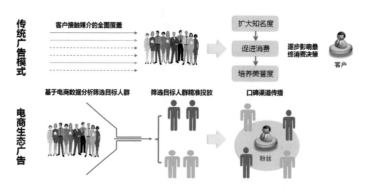

图 6.6　传统广告与互联网广告对比

来源：阿里研究院。

2. 突破了时间与空间的限制

电子商务不受地域的限制，企业可以直接面向全球市场，能够针对全世界每一个潜在客户。同时互联网克服了时差带来的国际商务谈判的不便，为企业不间断交易提供了可能，交易时间理论上的无限延长必定会给传统企业带来更多的机会，24 小时网上在线销售可在一定程度上

使企业的销售增加，企业的网址成为永久性的地址，可为全球的用户提
供不间断的销售信息。

3. 实现全方位展示

从理论上说，顾客理性地购买，既能够提高自己的消费效用，又能
够节约社会资源。网上销售可以利用网上多媒体的性能，全方位展示商
品功能的内部结构，企业通过网络展示商品的质量、性能、价格及付款
条件等，从而有助于消费者完全地认识商品及服务。

4. 数据化评价，提升客户满意度

客户是企业最重要的资源，互联网以其互动性、灵活性、人性化等
特点在客户拓展与维护方面有优势。

图 6.7　淘宝店铺的评价系统

来源：阿里研究院整理。

第七章

互联网＋服务，让服务更到位

互联网＋服务业是一个大范畴，电子商务服务业只是其中的一个组成部分，电子商务服务业是复杂的生态系统，该系统围绕电子商务应用这个核心，包括交易服务业、支撑服务业、衍生服务业（见图 7.1）。其中交易服务业如网络零售交易平台；支撑服务业指完成电子商务交易必须具备的服务，例如物流，没有物流网络体系，光有电商交易平台是无法完成交易的，因为实体商品不能到达消费者手中；衍生服务业是伴随电子商务的发展，所产生出的专业分工更加细化的周边服务，不具必备属性，如网店模特、图片摄影、代运营等服务。本书聚焦电商服务业中的支撑服务业和衍生服务业。

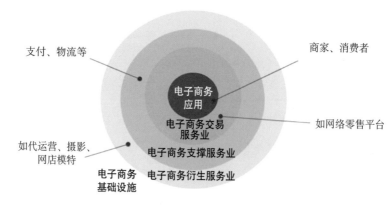

图 7.1　电子商务服务业范畴

来源：阿里研究院。

一、支撑服务业的代表：电商物流

1. 电商物流与传统物流完全不同

电子商务是互联网时代的全新商业模式，在这个模式下，消费者可以突破时间和空间的限制，自由获取商品信息。传统商业模式类似工业经济时代的电视，信息是单向传输的，消费者在商场选购商品，是消费信息的被动接受；在互联网时代，信息是交互的，消费者可以主动提出自己的需求，新的消费需求被激发出来，信息流的问题得到了解决。电子商务环境下，买方和卖方实际的地理差异仍然存在，但电商物流与传统物流的不同之处在于，商品不用经过中间商层层中转，减少了交易环节（见图7.2）。可见，交易双方实际距离可能相隔千里，消费者在知晓千里之外的商品信息的同时，货物也必须跨越千里到达消费者手中，没有一个全新的、完善的物流网络，是无法做到的。另外，与传统物流不同，电商物流的终点为个人，而不是店面，因此，电商物流的覆盖面要远高于传统物流。一言以蔽之，一个新的商业模式，必须要有一个与之相适应的新的流通体系支撑。这就是为什么地方政府在发展区域经济，招商引资之时，越来越强烈地感觉到电商与物流是不可分割的"孪生子"，原因就在于此。

图7.2 传统物流与电商物流供应链对比

来源：阿里研究院。

2. 电商物流是新常态下的一匹黑马

电商物流有两种模式：仓配模式和快递模式，其中B2C有部分电商采用的是仓配模式，部分采用的是快递模式，C2C主要基于快递模式（见图7.3）。所谓仓配模式，是电子商务企业自己建仓或租赁仓储，备货到仓储中，再由第三方物流或本企业自建物流配送到消费者手中。快递模式则是基于快递业已有的物流网络，中转、运输、配送电子商务包裹。

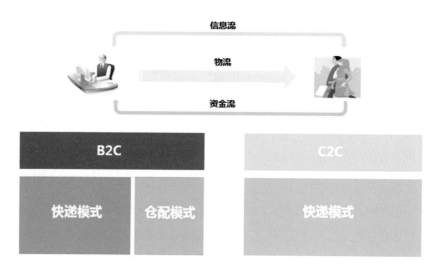

图 7.3　电商物流的模式

来源：阿里研究院。

　　我国电商仓储资源稀缺，根据仲量联行 2009 年统计数据，中国人均物流仓储面积仅为美国的 1/14。现有物流仓储设施中，超过 70% 建于 20 世纪 90 年代之前；目前 6.4 亿平方米的物流仓储设施的供应量中，达到国际化标准的，不超过 1500 万平方米，仅相当于美国波士顿一个城市的水平[①]。基于此，电子商务企业有着强烈的自建仓储动力。另一方面，我国快递网络相对而言更加完善，目前我国电商商品大部分由快递企业承运。据国家邮政局数据，2014 年，我国快递业务量已接近 140 亿件，快递业收入超过 2000 亿，其中 60% 以上的业务量来自电子商务，按国内件量算，我国已经成为快递业第一大国。[②] 电子商务对物流快递业拉动作用极大，快递业飞速发展与电子商务腾飞的时间几乎完全重合，从 2005 年到 2014 年，快递业务量增长了约 15 倍，近三年来年均

---

①　证券导刊：《"菜鸟网络"引领智能物流网》。
②　数据来源：国家邮政局。

增速超过 50%（见图 7.4）^①；从业人员从当时的 16 万人，扩张到现在的 120 多万人。^②

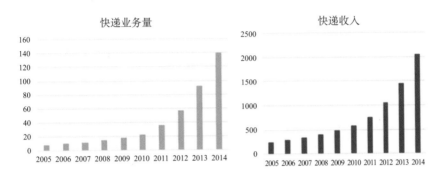

图 7.4　我国快递业发展情况

来源：国家邮政局：《2014 年邮政行业运行情况》。

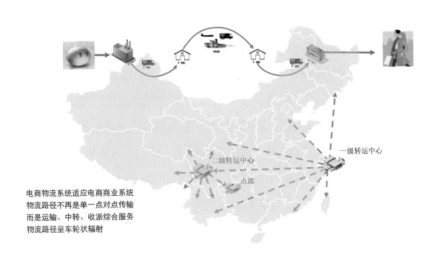

图 7.5　快递物流路径模式

来源：阿里研究院。

---

① 数据来源：根据国家邮政局统计数据推算。
② 数据来源：国家邮政局。

3. 国家政策力挺电商物流

电子商务和物流快递是经济新常态下的增长点，国家对此表示高度重视，李克强总理在答十二届全国人大三次会议记者问上明确提出："我很愿意为网购、快递和带动的电子商务等新业态做广告。因为它极大地带动了就业，创造了就业的岗位，而且刺激了消费，人们在网上消费往往热情比较高。"

在过去的一年里，李克强总理频频访问网商和快递企业，2014年11月，李克强在浙江考察时到访了有"网店第一村"之称的义乌市青岩刘村，在到访义乌一家快递网点时，李克强对快递员说，物流是现代经济核心之一，快递是物流重要组成部分，工作虽然很普通，但很关键，你们的工作了不起！2014年1月，李克强访问顺丰快递，当场表示，快递业是中国经济的"黑马"。

国务院印发的《物流业发展中长期规划（2014—2020年)》中，将电子商务物流工程作为重点工程之一，明确要求适应电子商务快速发展需求，编制全国电子商务物流发展规划，结合国家电子商务示范城市、示范基地、物流园区、商业设施等建设，整合配送资源，构建电子商务物流服务平台和配送网络。在跨境电子商务中，从国务院转发《关于实施支持跨境电子商务零售出口有关政策的意见》(国办发〔2013〕89号)，到海关总署《关于跨境贸易电子商务进出境货物、物品有关监管事宜的公告》(2014年56号)，再到杭州跨境电子商务综合实验区的设立，彰显了国家力挺电子商务，切实解决电商物流实际困难的决心。

二、衍生服务业的代表：电子商务园区

1. 电商园区是衍生服务的集成体

近年来，电子商务出现了一些新的产业集聚现象，即电商产业园区，随着电商集聚化发展，为电商提供线下服务的生产性服务业也蓬勃发展起来，以电商产业园区为代表，为电子商务企业提供办公、休闲、培训等多种服务。据阿里研究院调研显示，目前入驻电商园区最常见的电商服务有代运营、网络营销、网店摄影、网店装修、电商培训等；此外还有会展、法律、财务、人力资源等商业服务（见图7.6）。

图 7.6　电商园区主要服务

来源：阿里研究院整理。

电商园区汇集的多种服务，目前可以分为三类（见图7.6）：一是商务类服务，如仓储、营销、金融、运营、视觉设计等；二是面向网商提供的各种政务服务，如工商、税务、知识产权、消费者保护、政策咨询、海关等，主要由政府相关部门提供；三是为入驻企业员工日常生活提供的配套服务，如餐饮、超市、银行等。除仓储物流外，园区服务以电子商务衍生服务为主。

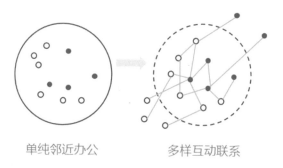

单纯邻近办公　　　　　多样互动联系

图 7.7　电子商务园区生态聚焦示意图

来源：阿里研究院。

2. 电商产业园规模化涌现

据阿里研究院不完全统计，截至 2015 年 3 月，我国电商产业园数量超过 510 个，此外，在众多产业园、创意园、科技园中聚集了不同规模的网商和电子商务服务商。从地理分布来看，电子商务园区遍布全国大部分省市，但呈现明显的不均衡性，主要集中在浙江、广东、江苏、福建、山东，这五个省的电子商务园区数量合计占比超过 70%，与这些省的电子商务发展相对处于领先地位密切相关。电子商务园区数量最多的十个地级城市依次是：金华、杭州、广州、温州、台州、上海、绍兴、深圳、泉州和苏州。大部分园区面积低于 5000 平米，企业员工少于 500 人，彰显了创新型经济的特点（见图 7.8）。

 截至2015年3月全国已有电子商务产业园区510个

浙江、广东、江苏、山东、福建电商产业园区数量占比超过70%

 园区面积普遍低于5000平米；大部分企业员工数量少于500人

杭州、金华、广州、温州、台州电商产业园数量位列全国前5名

图 7.8　电子商务园区现状概况

来源：阿里研究院整理。

3.园区带动区域经济和地方财政

伴随多样、专业的电子商务服务持续集聚，电子商务园区升级成为本地的电子商务服务枢纽，园区的服务范围超越入驻的企业，覆盖园区周边区域，甚至扩展至相邻县市，充分发挥服务辐射作用。随着园区辐射范围明显扩展和辐射作用持续积累，更多的网商、服务商将集聚于园区及园区周边。近年，各地政府高度重视电子商务，在资金、人才、税收等方面出台了一系列政策。电子商务园区有形、可控、易落实，成为各地承接电子商务政策落地的有效载体。在国家商务部以及浙江、江苏、福建等省的电子商务示范基地中，电子商务园区也是重要的组成部分。在有的县市，政府推动电子商务发展的重要抓手之一是主导当地电子商务园区的规划和建设。此外，园区还是创业孵化器，帮助中小企业融合创新，解决创业者资金、场地、人员的实际困难，战略意义显著。园区通过电商产业集聚、企业孵化、充分发挥辐射效应，带动区域经济发展，同时，也为地方政府创造了税源，对地方财政的积极作用明显(见图7.9)。

图 7.9　电子商务园区的功能

来源：阿里研究院。

三、互联网＋服务业

电子商务服务业只是互联网＋服务业的一部分，大到各类传统服务业，只要为互联网所影响，都是互联网＋服务业。包括各类社区服务，如餐饮、家政等消费性服务业，今天，我们用手机上网订餐、找保姆甚至洗衣，人们的生活在逐渐互联网化，然而这些或许只是开始（见图7.10）。

图 7.10   移动互联网驱动本地生活服务在线化

来源：阿里研究院。

第八章

互联网＋三农，底层的力量

国以农为本，民以食为天。当最新兴的互联网经济"遭遇"最传统的三农，一场源自底层的技术革命的序幕就此展开。

一、互联网＋农业

1. 传统农产品流通模式亟待变革

图 8.1　传统农产品流通模式的弊端

来源：阿里研究院。

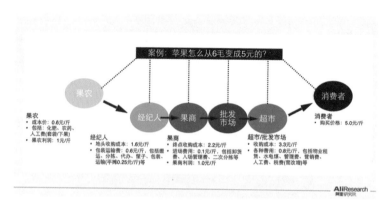

图 8.2　苹果如何从 6 毛变成 5 元

来源：阿里研究院。

从图 8.1 和图 8.2 我们可以看出，传统农产品流通模式存在很多弊端，这些问题反映出的深层次的原因，是农产品特殊属性与工业化流通体系之间的不协调。以互联网为代表的信息经济，为新型农产品流通模式的建立提供了可能。

2. 互联网重塑农产品流通模式

在互联网的催化作用下，农产品的流通模式也在发生嬗变，以电子商务为主要形式的新型流通模式快速崛起（见图 8.3）。

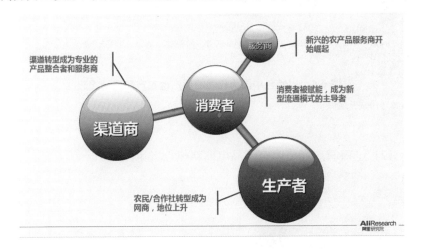

图 8.3　互联网重塑农产品流通主体

来源：阿里研究院。

3. 农产品电子商务崛起

近年来，阿里平台上的涉农网店数量保持快速增长。据阿里研究院统计，截至 2014 年年底，阿里零售平台农产品卖家数量达 75 万家，同比增长达 98％，这也印证了近年来农产品电子商务旺盛的发展势头。从销售额来看，自 2010 年开始，阿里零售平台农产品销量连年高速增长，增速远超同期淘宝大盘，成为电商领域的一个新亮点。

近年来，我国农产品电子商务发展呈现以下主要特征：

（1）原产地农产品直销成为热点（见图 8.4）

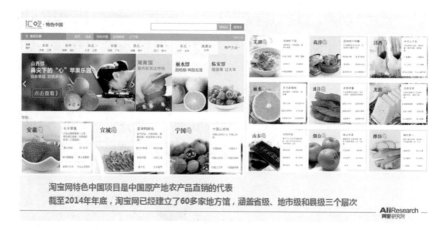

图 8.4　以特色中国为代表的原产地农产品直销崛起

来源：阿里研究院。

（2）进口农产品成为农产品电商新热点（见图 8.5）

图 8.5　海外农产品大规模进入中国

来源：阿里研究院。

（3）生鲜农产品崛起（见图8.6）

图 8.6　生鲜农产品电商快速发展

来源：阿里研究院。

二、互联网＋农村

1. 淘宝村崛起

淘宝村是中国独一无二的经济现象，它是互联网＋农村经济的典型产物。阿里研究院认为，"淘宝村"是大量网商聚集在某个村落，以淘宝为主要交易平台，以淘宝电商生态系统为依托，形成规模和协同效应的网络商业群聚现象（见图8.7）。

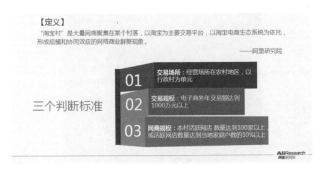

图 8.7　什么是淘宝村？

来源：阿里研究院。

　　淘宝村最早出现是在 2009 年，当时出现了三个最早的淘宝村——江苏睢宁县沙集镇东风村、河北清河县东高庄、浙江义乌市青岩刘村。

　　截至 2014 年年底，阿里研究院在全国共发现 212 个淘宝村（见图 8.8）。这些淘宝村分布在福建、广东、河北、河南、湖北、江苏、山东、四川、天津、浙江 10 个省市。从诞生到涌现，淘宝村已然"破茧成蝶"，成为影响中国农村经济发展的一股不可忽视的新兴力量（见图 8.9）。

图 8.8　淘宝村规模增长趋势

来源：阿里研究院。

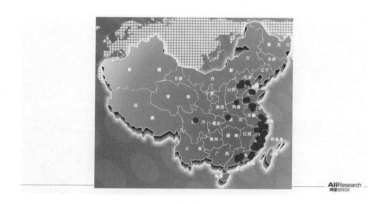

图 8.9　淘宝村分布示意图

来源：阿里研究院。

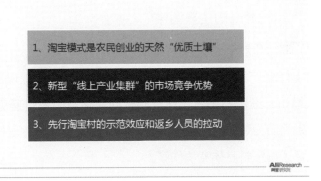

图 8.10　淘宝村为何大爆发

来源：阿里研究院。

2. 淘宝村带来了什么？

淘宝村的出现，不仅破解了农村信息化难题，有效提高了农民收入，提升了农民生活幸福指数，也成为拉动农村经济发展、促进农村创业和就业、缩小城乡数字鸿沟的新型渠道（见图 8.11）。

图 8.11　淘宝村深刻改变中国农村

来源：阿里研究院。

3. 淘宝村面临的主要困难

（1）同质化竞争的压力

淘宝村之所以能够快速长大，并且在全国范围内涌现，其重要原因是相互模仿、细胞裂变式快速复制。同质化竞争不可避免会带来价格战。个别网店为了扩大销量，提升店铺信用值，一味靠压低价格进行推广，破坏了淘宝村整体竞争秩序。

（2）人才缺乏

相对于城市网商，淘宝村面临的人才缺乏问题更为突出。由于农村的生活基础设施较差，对人才的吸引力较弱，即便能给出和城里一样的工资水平，人才也不愿意留在农村。

（3）空间束缚

由于淘宝村的网商成长迅速，对办公、仓库的需求也急速扩张，但农村的居住生活空间有限，严重束缚了网商的发展。同时，大型网商有扩大经营、自建工厂、建立产业园的需求，但受到农村土地政策的限制，通常很难实现。

（4）缺少组织

淘宝村都是农民自发式产生、裂变式发展形成的生态集群，自发性既是优势，也有一定的弊端。优势是充分发挥了市场经济的作用，短时间内形成集聚效应，弊端则是缺少龙头企业和协会的领导和控制，容易出现同质化竞争、自我管理协调能力较弱的问题。

4. 未来升级转型之道

部分发展程度较高的淘宝村开始从完全草根式成长的"淘宝村1.0阶段"，进入"淘宝村2.0阶段"，集约化、品牌化、生态化、扩散化是其主要特征（见图8.12）。

图 8.12　淘宝村未来升级转型之道

来源：阿里研究院。

（1）集约化

在淘宝村 1.0 阶段，农户网商的经营形式比较分散，大部分经营者是农户家庭或个体户，生产方式也是小作坊形式。在淘宝村 2.0 阶段，个体网商开始向企业网商转变，生产方式也从小作坊为主向工厂为主过渡。在这个阶段，本地网商组成的协会、联盟等组织在协调和组织方面开始发挥实质性作用，网商抱团成长，淘宝村的发展有了相对清晰的规划。

（2）品牌化

在淘宝村 1.0 阶段，绝大多数网商处于无品牌经营状态，产品以互相模仿为主，附加值低。随着淘宝村网商的整体经营水平和品牌意识不断提升，以及大批成熟网商从淘宝集市店铺向天猫店铺转型，品牌化逐渐成为淘宝村 2.0 的重要特征。目前，在各个淘宝村中，发展最好的网商基本都注册了品牌和商标，并在网络上建立了一定的品牌知名度。需要指出的是，电子商务也为农民网商打造属于自己的品牌提供了一个门槛较低的渠道。

（3）生态化

生态化也是淘宝村 2.0 阶段的重要特征。物流快递、营销推广、培训、代运营等服务商的出现，不仅有效地提升了网商的工作效率、运营能力，也让整个淘宝村的产业链更加完整，增强了淘宝村网商的集体竞争力。在淘宝村升级转型的道路上，第三方电子商务服务商将成为影响淘宝村发展水平的关键要素。

（4）扩散化

随着淘宝村在全国多个区域规模化涌现和集群化发展，"淘宝镇"开始浮现。阿里研究院对"淘宝镇"的定义如下：一个镇、乡或街道出现的淘宝村大于或等于3个，即为"淘宝镇"。这是在淘宝村的基础上发展起来的一种更高层次的农村电子商务生态现象。截至2014年12月，阿里研究院在全国共发现19个淘宝镇，其中，浙江6个、广东5个，福建、江苏、山东、河北各2个。

5. 预测：淘宝村未来将常态化

阿里研究院预测，在淘宝村自然复制和政府推动的双重作用力下，未来5—10年，淘宝村的数量在中国将继续快速增长，并最终实现常态化，即电子商务成为中国农村经济的必备生产力要素（见图8.13）。

图 8.13　未来淘宝村将"常态化"

来源：阿里研究院。

三、互联网＋农民

1. 认识新农人

随着互联网向三农领域的渗透，一个新的群体——新农人开始涌现。新农人的出现，是信息时代农民群体演进的结果。同传统的农民、新型职业农民相比，新农人具有更鲜明的个性特征，群体先进性也更加显著（见图8.14）。

图 8.14 传统农民、新型农民和新农人

来源：阿里研究院。

根据阿里研究院研究发现，新农人的定义有狭义和广义之分。狭义的新农人，指的是以互联网为工具，从事农业生产、流通、服务的人，其核心是"农业＋互联网"。广义的新农人，指的是具备互联网思维，服务于三农领域的人，其核心是"三农＋互联网"。

2. 新农人的四大基因（见图 8.15）

（1）互联网基因
互联网是新农人的核心基因，这也是新农人区别于传统农民、新型职业农民的最大不同。正是由于互联网的赋能，新农人具备了直接对接市场的能力，从而改变了以前农民信息能力薄弱的状况，从产业链的末端开始走向前台。

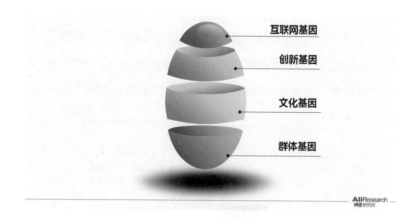

图 8.15　新农人四大基因

来源：阿里研究院。

第三方电子商务平台是新农人主要的经营平台。以淘宝网为例，其开放的平台型电子商务模式，为新农人提供了低门槛的创业渠道。以微博、微信为代表的新媒体平台，也是新农人的重要互联网阵地。

（2）创新基因

新农人是大众创新的典范。他们拥抱互联网，崇尚市场经济，经营中大胆创新，具有开放、透明、分享特点的互联网，则为他们的创新提供了最佳的沃土。当上百万的新农人被互联网赋能之后，其所爆发出的创新能力，远远超乎外界的想象。

（3）文化基因

相比传统农民，新农人普遍具备相对较高的文化水平，这也是推动新农人持续创新的重要保证。同时，新农人大多出生在农村，对农耕文化有较深刻的认识，这使得新农人更接地气，能够更有效地改变传统农业和农村经济。过去几年时间里，一批接受过高等教育的年轻人，抱着创业造福家乡的愿望回归农村，形成了一波"新知识青年下乡"的热潮。

（4）群体基因

以分享、抱团为特征的自组织性，是网商群体的独特特征，也是新农人的重要基因之一。新农人和热心新农人事业的各界人士通过自组织，已经搭建起一些旨在为新农人交流互助、资源对接的平台，如新农人联盟、新农人联合会、农禾之家等，这些组织在帮助新农人学习成长、推动互惠合作方面发挥了积极作用。

3. 新农人的社会和经济价值（见图 8.16）

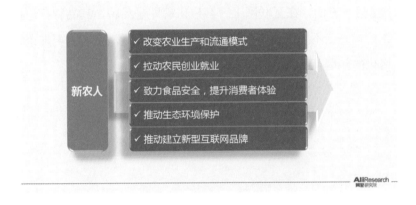

图 8.16　新农人，新价值

来源：阿里研究院。

（1）改变农业生产和流通模式，推动农村经济发展。借助互联网技术和大平台，部分农民一跃成为市场的交易主体，通过淘宝网等平台，农民转型为卖家，可以直接与消费者进行沟通和交易，从而极大地增强了议价权，提升了收入水平。

（2）拉动农民创业就业。由于具备了互联网思维、较高的文化素质和生产经营水平，新农人的生产效率大大提升，这就为拉动农民创业和就业提供了坚实基础。

（3）致力食品安全，提升消费者体验。一批新农人率先建立了食品安全溯源系统，使得农产品电商能完成食品供应、流通、消费等诸多环节的信息采集、记录与交换。对消费者而言，商品信息更为透明，从而作出正确的购买决定，筑牢食品安全防线。

（4）推动生态环境保护。在互联网上，消费者对于农产品的生产环境、生产流程、环保状况高度关注，这也推动新农人将生态农业种植养殖技术、水质土壤改良技术、农耕设施科学技术等将大面积运用到农业领域，这对于生态环境的保护意义重大。

（5）推动建立新型互联网品牌。一方面，互联网能够帮助新农人以较低成本进行新品牌的推广和打造，这对资金实力相对弱小的新农人十分关键；另一方面，在互联网上，客户口碑即是品牌，其品牌打造模式和传统模式完全不同，新农人可以打造出更加贴近消费者、更加个性化和人格化的新型互联网品牌。

第九章

互联网＋金融，普惠金融梦想成真

"一切固定的古老的关系以及与之相适应的素被尊崇的观念和见解都被消除了，一切新形成的关系等不到固定下来就陈旧了。一切固定的东西都烟消云散了，一切神圣的东西都被亵渎了。"用这一段马克思写在1848年那本名为《共产党宣言》的伟大著作中的话来描绘今天"互联网＋"的世界似乎是再恰当不过了。仅仅在几年前，互联网最热的产业还集中在"门户、游戏、搜索和社交"。今天看来，曾经的"红色警戒""开心网"早已失去了当年的统治力。我们正在从第一互联网时代，也就是所谓的".com"时代向"第二代互联网"时代过渡。互联网正变成一种信息能量，开始重塑现实社会的供需关系。互联网金融领域也不例外。截至2014年年底，中国第三方互联网支付交易规模达到80767亿元，同比增速达到50.3%；全国范围内活跃的P2P网上借贷平台1575家，贷款余额1036亿元；众筹融资平台116家，一年新增平台78家，众筹融资金额超过9亿元。

一、什么是互联网＋金融

目前，互联网金融的定义层出不穷，都在试图为这一新兴行业正名。在这些定义中，以谢平等人的谱系定义影响最大。他们认为，"互联网金融是受互联网技术和互联网精神影响，介于传统银行、证券公司、保险公司、交易所等金融中介和市场，到瓦尔拉斯一般均衡对应的无金融中介或市场情形之间的所有金融交易和组织形式，是一种谱系的概念"。该定义学术化程度较高，还有一些研究是从互联网金融与传统金融的关系中寻求互联网金融的定义。然而，多数定义或描述却陷入了人云亦云的怪圈，没能抓到问题的本质。

在探寻的过程中，笔者发现谢平曾经说过，"未来，可能出现既不同于银行间接融资，也不同于资本市场直接融资的第三种融资模式。称为互联网金融"。谢平的这段话并非严格的互联网金融定义，但是极具前瞻性。理论上看，资金融通方式只有直接融资和间接融资两类，很难想象存在第三种可能。就好比是物理变化和化学变化，在很长一段时间内，人们一直认为物体的变化只有两种方式，不存在既不是物理变化也不是化学变化的第三种方式。直到核物理学取得实质性进步之后，这种片面的认识才得到修正，除了物理变化和化学变化之外，世界上还存在核聚变与核裂变这两种既不属于物理变化也不属于化学变化的情况。谢平对互联网金融的"定义"没有具体说明互联网金融是什么，但是给出了无限可能，勾勒了宏大的未来。

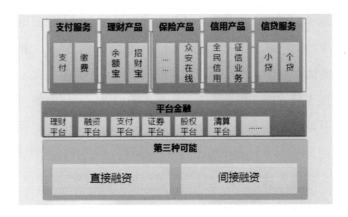

图 9.1　互联网金融概念示意

来源：阿里研究院。

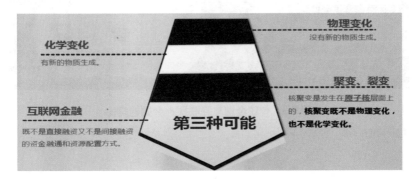

图 9.2　互联网＋金融资源配置的第三种可能

来源：阿里研究院。

　　打一个不是特别恰当的比方。传统金融就好比是物理学中的经典力学。其特征是简单，容易接受。牛顿试图用"三定律"描述整个宇宙运动的方式。[1]"三定律"很好地解释了宏观、低速、低连接、线性、低密度世界的运行情况，迅速被全世界接受。传统金融提供的保管、支付、融资以及后来衍生出来的财富管理业务就属于这种类型。互联网＋金融则类似于物理学中的量子力学。19世纪末，当经典力学对微观物理世界的描述越来越"不给力"时，普朗克等大师开创性地创造了量子力学，通过量子力学的发展，人们对物质结构以及相互作用的认识产生了革命性变革。许多在经典力学框架下无法解释和预言的事件被量子力学证明和诠释。有些无法观察，甚至无法直接想象的现象被量子力学预言和精确地计算出来。量子力学很好地描述了微观、高速、强连接、非线性世界的运动规律。互联网时代分散、混沌、不确定、粒子化、高速变化以及强连接的特性和量子力学所描述的世界，有很强的同构性和互通性。为互联网经济提供服务的新型金融业——互联网＋金融必将成为金融业的量子力学！正如量子力学不是对经典力学的简单升级一样，互联网＋金融也不是对传统金融的简单改造（见图9.3）。

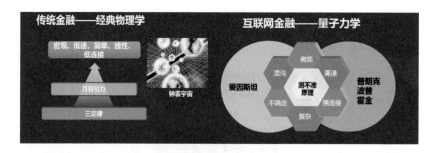

图9.3　传统金融与互联网＋金融的类比

来源：阿里研究院。

---

① 牛顿用三定律和万有引力定律描述了宏观、低速物理世界的运行情况。

二、互联网＋金融的突破

目前，互联网＋金融的形态才刚刚发育，能力和外界预期还存在很大差距。即使如此，互联网＋金融也已经在多个方面体现出了自己的巨大优势。比如，成本方面比传统金融有了很大的改善（见图9.4）。

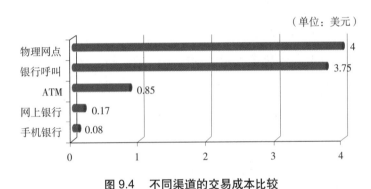

（单位：美元）

图 9.4　不同渠道的交易成本比较

资料来源：IBM 大中华金融事业部，国泰君安证券研究。

不久的将来，互联网＋金融还将在风险管理方面作出较大的突破。风险管理是人类最古老的"工作"之一。在人类目前的知识体系和计算工具范畴内，我们还无法实现对未来的精确预测。对风险的预测是金融行业的根本问，对风险的有效管理和控制则是金融的根本解。金融业务的源头是"保管"，由寺庙代理。客户把贵重物品交由寺庙保管，减少物品丢失的风险，在此基础上又衍生出金融行业最重要的业务——存款。之后，随着欧洲海洋经济的繁荣，海运险成了最早的保险业务，并催生了保险行业发展。可以说，金融行业的根本任务就是风险管理。传统金融行业风险管理的理论基础是大数定理和抽样调查，主要手段是事前尽调、贷前抵押、客户维护和贷后管理。主要采取线性管理方式。以事前尽调为例，传统金融业，无论是银行、保险还是证券，都会按照"了解你的顾客"的原则进行数据采集，详细了解客户的性别、年龄、职业、收入、过去信用情况等。这些单调的线性数据有着很强的实用性，便于处理，占用空间小，处理速度快，应用简单的数理模型能很快得出结果。互联网金融将不再完全依赖统计上的大数定理和抽样法则来界定风险，而是依靠云计算、大数据等技术直接揭示个人金融行为，精确锁定和控制风险水平，通过海量的行为数据、位置数据和交易数据定位消费者的资金需求、时间分布、购买偏好等，突破传统金融简单依靠统计模型进行期限匹配的方式，为风险管理提供更合理的解决方案。

未来，随着技术的进步，风险管理的本质会发生变化。目前的风险管理是以全社会风险总量固定为前提的，保险业也只是部分转移了风险，无法减少社会风险总量。互联网技术可以帮助我们实现全社会的风险等量管理向减量管理发展。比如我们可以利用互联网技术破解信息不对称难题，通过动态和自主的"点对点"匹配与对冲，实现社会总体风险暴露的降低。在风险管理中，征信是最重要的环节之一，互联网给征信带来了全新的可能。

◇ 案例：ZestFinace 为穷人做信用评估[①] ◇

在美国，据说多达 3000 万人在发薪日之前需要救急贷款，即发薪日贷款。这属于高风险贷款，年化利率甚至高达 400％、500％以上。客户基本上是低收入人群，即使在信用记录相对完善的美国，他们中多数人也缺乏信用记录。

曾担任谷歌 CIO 的道格拉斯·梅里尔（Douglas Merrill）等人创立了 ZestFinance。中欧国际工商学院创业学助理教授龚焱撰文称，梅里尔虽然是位嬉皮士，但他有非常强的社会责任感。ZestFinance 的创办，一方面是试图建立一个新的信用评估体系，另一方面也是试图对这种收入的整体分配不公或者说传统贷款渠道的不公发起冲击。

---

① 案例摘自《蚂蚁金服社会价值报告第二版》。

ZestFinance 借助机器学习和大数据分析技术来评估客户信用。传统的信用评级，如鼎鼎大名的 FICO，包含的贷款人变量一般只有几十项，ZestFinance 模型的变量有 1 万多项，而且模型会考虑最细微的一些变量，比如在申请人填写申请表的时候跟踪其大小写习惯，以映射申请人的一些行为和心理特征。

这套方法对传统信用评估体系带来了颠覆性的改变：ZestFinance 声称，其模型和常规信用评估体系的模型相比，效率能够提高近 90%。同时，能够把相关贷款人的违约率降低近 50%。如 SpotLoan 公司引进其模型后，在网上仅需 10 分钟就可以完成贷款申请。尽管最高的日利率仍高达 1%，但与传统发薪日贷款相比，可节省多至 50% 的利息支出，期限也更灵活。

表 9.1 征信系统及数据来源对比

系统		阿里巴巴征信系统	人民银行征信中心
商户数／人数	企业征信	600 多万家（仅淘宝）	1000 多万家
	个人征信	1.45 亿人（仅淘宝）	6 亿人
征信内容	企业征信	卖家的身份信息、商品交易量、商铺活跃度、用户满意度、库存、现金流、水电费缴纳等所有与店铺运营有关的数据	企业的身份信息、信贷信息、环保信息、缴纳各类社会保障费用和住房公积金信息、质检信息、拖欠工资信息，缴纳电信通信费信息等
	个人征信	买家身份信息、网购支出、生活缴费、社交活跃度等	个人的银行信贷信息、身份信息、缴纳各类社会保障费用和住房公积金信息等
数据来源		系统自动记录	商业银行和政府部门

来源：谢平等著《互联网金融手册》。

除了风险管理之外，互联网＋金融在支付清算、服务小微企业等方面也有很大的突破。据波士顿咨询估计，从 2013 年至 2020 年，互联网＋金融在支付方面就能为全社会节约 1 万亿元人民币（见图 9.5）。

（单位：10亿元）

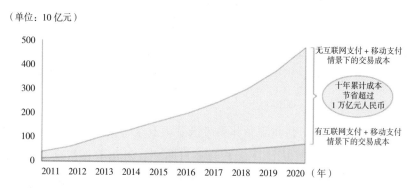

图9.5 　互联网 + 金融 　节约社会成本

来源：BCG 报告。

小微企业是中国经济中最有活力的实体，根据工信部统计数据，小微企业占全国企业数量约 90%，创造约 80% 的就业岗位、约 60% 的GDP 和约 50% 的税收。但是，中国人民银行数据显示，截至 2014 年年底，小微企业贷款余额占企业贷款余额的比例为 30.4%，维持在较低的水平。传统信贷模式下，银行对小微企业的贷款成本高。一笔 10 万元小微企业信贷与一笔 1 亿元大企业信贷的流程和操作成本相差无几，但前者的理论远低于后者。因此，商业银行普遍缺乏对小微企业放贷的积极性。解决小微企业融资难问题不能简单依靠传统金融的增量，必须依靠全新的信贷理念、信贷模式。基于互联网的小额融资平台，包括 P2P网络借贷平台、网络众筹、阿里小贷等新型业务模式为小微企业融资拓展了新渠道，也改善了融资服务体验，降低了操作成本，缩短了贷款链条。相比传统模式下，一笔贷款的发放周期在一两个月甚至更久，阿里小贷针对淘宝卖家的贷款具有 "3—1—0" 特征：3 分钟完成在线申请；1 秒钟获贷；0 人工干预，整个流程实现全自动。互联网 + 金融将资源配置效率推到了全新的高度。降低了金融机构交易成本的同时，也降低了企业的时间成本，在这个高速运转的后工业社会中，为各方参与者争取了更多宝贵的时间。

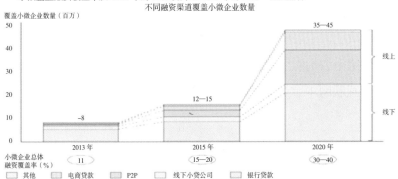

小微企业融资覆盖率从 2013 年的 11% 提升至 2020 年的 30%—40% 左右
不同融资渠道覆盖小微企业数量

图 9.6　互联网＋金融　提高小微企业融资覆盖率

来源：BCG 报告。

三、互联网＋金融的广阔前景

不久的将来，互联网＋金融会向着人人金融演变（见图 9.7），实现随时随地都有银行跟随的理想。个人金融的初级表现是所有的金融数据和资产可通过统一的入口、统一的账号和统一的界面得到全面管理。

图 9.7　人人金融

来源：阿里研究院。

用户所需要的各种金融服务都围绕这个统一的入口展开。随着技术的进步和数据的积累，统一账户入口和场景应用会进一步融合，通过复杂的算法和模块化的金融工具组合，实现随身金融服务，在任何地点、任何时间获取金融咨询和金融资源。这种"人本金融"才是整个金融行业的未来，而互联网＋金融必然是其中的先行者。

第十章

互联网＋与地方创新创业

目前，各地发展互联网、电商经济热情高涨，出台了很多政策措施、也投入了不少人力、资金。特别是李克强总理在政府工作报告中明确提出发展互联网＋战略举措之后，各级政府"高度重视"互联网经济，出台了很多政策措施，希望推动当地经济增长和产业转型升级。但互联网经济作为一种全新的模式和形态，有其独特的发展规律和特点。要不断解放思想，进行制度和政策创新，避免传统工业经济思维下的几个误区。

一、发展互联网经济应避免几个误区

误区一：自建平台的误区

很多地方都提出"以平台为抓手"，鼓励自建本地的综合平台或行业、垂直类电商平台。例如，某西部省份在"电子商务规划"中提出，到 2020 年要投入巨资建成 20 个垂直电商平台。对这个问题要特别地慎重，平台经济确实有巨大的生态聚集效应，容易成为地方政府发展电商的抓手，也容易出政绩；但同时也存在巨大的投资风险。

电商平台具有基础设施的属性，除了信息汇聚，还需要交易支付、云计算支撑、商业大数据服务、物流快递、金融服务等服务配套，是一个商业生态体系。平台投资大、周期长，初期动辄上亿元的投资，同时需要大量的技术人员，不断升级改造，历经数年才能形成自我循环的生态圈。

行业普遍的看法是，全国性的综合电商平台不会超过 10 家；细分行业的电商平台，每个行业最多 1—2 家。有实力发展平台经济的地方主要集中在北上广深等一线城市，其他地方受人才、技术制约，机会并不大。目前来看，很多地方、企业在自建平台上走了弯路。譬如，仅红木交易，全国就有约 20 个交易平台，绝大部分规模较小、技术落后，难以维持运营。再比如，全国百货业大部分自建平台，1998 年，天虹推出了全国首家可在线下单与支付的网上百货商场,但一直以来,许多门店的当季新品并未在"网上天虹"销售。于 2001 年建立了"i 购物网"的西单商场,曾在短时间内捕获数十万注册量以及上百家入驻商家,迅速赢利,但目前一直处于下单量极少、客单价较低的状态。

中国电子商务的发展初期呈现"小前端、大平台、富生态"的商业格局,即广大中小企业依托大平台、丰富的电商生态系统,开展前端的营销、客户服务功能,发展本地的优势产业(见图 10.1)。

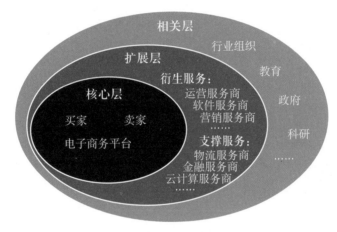

图 10.1 电子商务生态特点:小前端、大平台、富生态

来源:阿里研究院。

误区二:招商引资的误区

地方政府,特别是中西部地区都希望引入知名互联网企业、电商平台投资、入驻。但互联网的根本特点就是跨地域,即使平台企业的注册地,或者服务器在上海、北京、杭州等发达地区,也一样可以服务全国,乃至全球范围的客户。这一点不同于传统的工业经济。

所以,地方政府发展互联网＋的重点是推动本地优势企业利用互联网转型升级,即扶持本地互联网应用企业、电商企业、互联网服务商发展。

误区三：一味追求"高大上"

互联网经济的发展特点是从边缘到主流，一开始总是小微企业反应最快。很多大型互联网企业、电子商务企业也是从小微企业做起来的，但在互联网上，电商企业成长非常迅速。例如，像茵曼、韩都衣舍这样十亿规模的企业，也只有5—6年的时间。千万级的电商企业一般也只需要2—3年的时间。

图 10.2　互联网＋开启创业小时代

来源：威龙商务网，见 http://news.vlongbiz.com/pic/2014-11-17/1416209018dz189378.html。

因此，在互联网欠发达的中西部地区，一方面要推动当地传统的大企业利用互联网转型升级；另一方面要鼓励年轻人创业，培育千军万马，营造万众创新的氛围。

误区四：电子商务就是开网店

电子商务是用互联网技术和思维改造传统的商业流通业。开展网络零售只是一个方面，更重要的是如何利用互联网、大数据、云计算等技术和基础设施，推动本地的零售业、批发业、产业集群、金融、外贸、制造业、本地生活服务业等转型升级。

二、地方政府如何发展互联网 +

基于对互联网经济的客观规律的认识，结合本地经济结构、人才结构、优势产业现状，地方政府可以在以下方面重点开展工作。

1. 做好互联网 + 的研究和规划

狭义的电子商务实际上是互联网技术对商业流通领域改造和提升的应用；而广义上的互联网 + 则包括互联网技术在广告营销、零售业、制造业、服务业、金融业、房地产，乃至能源行业等的应用。应当把互联网当作一种基础设施来看待，利用互联网及其相关联的云计算、大数据等技术推动产业升级转型。

互联网商业模式和技术变革快速，要组织专业人员近距离观察、研究互联网 + 的进展、影响和政策障碍，结合本地区实际情况制定互联网 + 的总体规划和行动方案。同时，要保持灵活性和敏锐度，根据最新的发展情况，政策迭代更新。

2. 做好互联网人才培养工作

当今，互联网，特别是移动互联网技术的快速更新已经远远超出了其普及、蔓延速度，这导致了传统行业的普遍焦虑和担忧。政府部门在这方面的工作也比较被动，譬如零售业的 O2O、餐饮的在线交易、移动支付、打车软件、跨境电商、工业 4.0 等扑面而来。

因此，首要任务是开展广泛的互联网经济的培训、普及活动。

义乌市政府提出了通过两年时间，培训电子商务人才 30 万人次的宏大计划。这些培训可以由政府主导开展公益性的培训，也可以补贴、扶持社会第三方开展培训、普及活动。另外，一些地方自发形成了很多网商协会、创业联盟、创客联盟等民间组织，对于推动互联网意识、知识和技能的普及、传播、渗透意义重大。

图 10.3　义乌电子商务培训

来源：义乌商报。

3. 重点扶持本地互联网应用服务商

　　互联网经济的一个特点是基于互联网的大规模社会化分工、协作。传统企业触网，利用互联网转型，一定会借助于服务商。一般而言，本地互联网＋越深入、广泛，服务商业务越发达；同时，本地传统企业转型的力度越大，越可以带动本地代运营、网络营销、电商物流等服务商的发展。同时，互联网会凸显制造业的优势，进入以产品为中心的时代。传统企业更多地可以聚焦本地优势名特优产品，做好生产、加工等供应链，辅助于运营、营销环节，是目前互联网＋实体产业的最佳选择。

　　互联网是年轻人、草根阶层创业的乐园，各地政府可以从工商登记、税收、市场监管等方面出台宽松的扶持政策，鼓励年轻人创业，发现和培育一大批具有企业家精神的互联网企业、创业涌现。

4. 以创客空间、电子商务产业园区为抓手

由于需要广泛的分工、协作，互联网的创业者天然具有聚集效应，而创客空间、电子商务产业园区就是互联网创业者聚集的空间载体。在北京中关村，已相继涌现出车库咖啡、创客空间、36氪、天使汇、云基地、创业家等10余家新型创业服务机构。杭州目前则涌现了乐创会、B座12楼等一批创业服务机构。

建设创客空间和电商产业园要遵循基础设施、半公益、服务为主的发展思路，可以由政府主导建设，更多地鼓励社会资金建设、运营，政府给予补贴、扶持。这些物理空间是创业生态系统在线下的体现，要逐步形成物流快递、代运营、营销客服、金融、培训交易、人才服务等生态体系。同时，辅助于透明公开的政府公共服务。

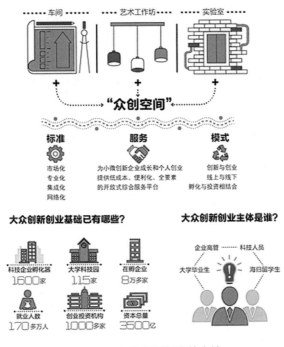

图 10.4　大众创新创业的土壤

来源：杭州网。

同时，互联网创业者初期都具有小微企业特征，因此创客空间、电商产业园要避免一味追求"高大上"，而应该是多层次的业态，既要有中大型电商企业，也要有"蜂窝状"的，适应 3—5 人创业小团队入驻的场所和配套设施。

5. 简政放权、激发草根创业创新

国务院办公厅印发《关于发展众创空间推进大众创新创业的指导意见》（国办发〔2015〕9 号）提出：降低创新创业门槛。深化商事制度改革，为创业企业工商注册提供便利。对众创空间等新型孵化机构的房租、宽带接入费用和公共软件等给予适当财政补贴。

国务院办公厅关于发展众创空间　推进大众创新创业的指导意见

回头来看，过去十年，中国互联网经济，特别是电子商务成功的一个重要因素是政府干预较少，"重视"不够，导致市场机制发挥了决定性的作用。未来，要收获互联网经济的全部果实，各级政府需要进一步降低准入门槛，放松管制，激发市场活力，鼓励小微企业、草根群体的创业创新活力。对于电子商务领域出现的各种新鲜事物，坚持"先发展、后规范，在发展中逐步规范"的原则，鼓励尝试和创新，允许失误和失败。

第十一章

互联网＋医疗健康，
加速改革重塑流程

如果说 2014 年是互联网医疗的元年，那么 2015 年将会是蓬勃发展的一年。今天的移动互联网将会赋予医疗健康行业更多力量，二者的跨界融合将会倒逼医疗提速改革进程。

一、互联网，医疗健康的新源泉

众多利好政策是互联网＋医疗健康能够产生巨大社会经济价值的基石。2015 年 3 月 6 日，国务院办公厅正式印发《全国医疗卫生服务体系规划纲要（2015—2020 年)》。

全国医疗卫生服务体
系规划纲要

表 11.1　互联网＋医疗健康主要相关文件

互联网＋医疗健康相关政策文件	核心要点	公布时间
《全国医疗卫生服务体系规划纲要（2015—2020 年）》	开展健康中国云服务计划，积极应用移动互联网、物联网、云计算、可穿戴设备等新技术，推动惠及全民的健康信息服务和智慧医疗服务，推动健康大数据的应用，逐步转变服务模式，提高服务能力和管理水平。	2015 年 3 月 6 日
《关于推进和规范医师多点执业的若干意见》	一是推进医师合理流动。通过放宽条件、简化程序，优化政策环境，鼓励医师到基层、边远地区、医疗资源稀缺地区和其他有需求的医疗机构多点执业。二是规范医师多点执业。坚持放管结合，明确相关各方权利义务，促进医师多点执业有序规范开展。三是确保医疗质量安全。强化对医师多点执业的监督管理，严格医师岗位管理，确保医疗服务的安全性、有效性和连续性。	2015 年 1 月 12 日

续表

互联网＋医疗健康相关政策文件	核心要点	公布时间
《关于药品生产经营企业全面实施药品电子监管有关事宜的公告》	2015 年 12 月 31 日前，境内药品制剂生产企业、进口药品制药厂商须完成生产线改造，在药品各级销售包装上加印（贴）统一标识的中国药品电子监管码（以下简称"赋码"），并进行数据采集上传，通过中国药品电子监管平台核注核销。2016 年 1 月 1 日后生产的药品制剂应做到全部赋码。 2015 年 12 月 31 日前，所有药品批发、零售企业须全部入网，严格按照新修订《药品经营质量管理规范》要求，对所经营的已赋码药品"见码必扫"，及时核注核销、上传信息，确保数据完整、准确，并认真处理药品电子监管系统内预警信息。	2015 年 1 月 4 日
《互联网食品药品经营监督管理办法（征求意见稿）》	互联网药品经营者应当按照药品分类管理规定的要求，凭处方销售处方药，直接向业界传达了电商平台可以销售处方药的信号。	2014 年 5 月

来源：阿里研究院整理。

　　随着居民生活水平的提高，百姓对于医疗健康的需求链条在变长，从预防保健到看病、治病、买药、医保等环节都有越发明确的需求。在这些外因与内因的共同驱动下，互联网＋医疗健康领域吸引了众多参与者。除了传统的医疗健康产业链上的参与者，比如医院、药店、制药及医疗器械厂商、医疗信息化厂商之外，以阿里巴巴、百度和腾讯为代表的互联网巨头在以不同方式切入这个市场，还有众多新创业者，可穿戴设备厂商以及运营商都凭借各自的优势开始参与其中（见图11.1）。

　　医疗健康产业链上最相关的医院、医药和医保并成为"三医"领域，将会涵盖患者从个人出发的身体健康管理、咨询、诊断治疗、买药到医保等各个环节，由于其中的各种角色利益关系错综复杂，医院、制药企业以及医保单位等都存在部门壁垒，跨部门协作困难重重，因此成为医疗改革亟待突破的方面。互联网正从三医角度促进信息的透明化，降低消费者看病的成本，实现以患者为中心的医疗健康新方向，推动中国医疗改革的步伐。

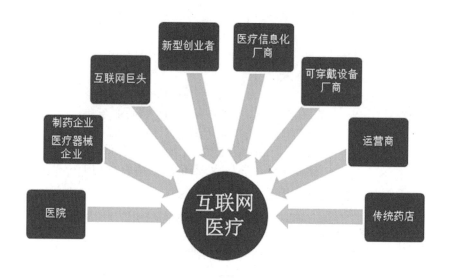

图 11.1　互联网医疗产业链

来源：阿里研究院整理。

二、医疗健康行业变革进行时

互联网对医疗健康行业最大的价值就是推动医疗健康行业的重构进程，倒逼医疗健康行业破除陈旧观念，成为深化医疗卫生体制改革的突破口。

随着医师多点执业政策的出台，医生可以通过云医院平台建立个人品牌，云医院模式有利于放大医疗资源，优化医疗资源配置，触发基础卫生医疗机构的活力。

- 中国"医改"举步维艰，行业沉疴积弊，利益错综复杂、观念传统和保守。
- "三医联动"推进缓慢，部门壁垒导致跨部门协作困难。
- 患者、医生和医保之间相互博弈的动态平衡尚未形成。

图 11.2　互联网医疗面临的困难

来源：阿里研究院整理。

大数据的价值将会贯穿消费者、医生到药店、制药公司等多个环节，从个人健康管理，提升医生诊疗水平，提升临床试验效率等方面都将发挥重大作用。麦肯锡研究报告指出，互联网每年可以节约 1100 亿到 6100 亿元人民币的医疗卫生支出。

政府通过唯一的药品电子监管码全程追溯药品的流通过程，可以杜绝假药。通过打通药品电子监管和医保系统，可提供医保资金的精细化管理水平，降低医保财政支出（见图 11.3）。

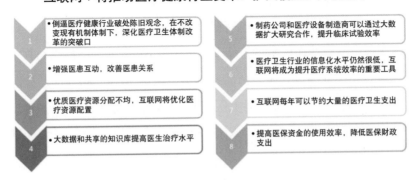

互联网＋将推动医疗健康行业变革：扩大覆盖、降低成本

1. 倒逼医疗健康行业破处陈旧观念，在不改变现有机制体制下，深化医疗卫生体制改革的突破口
2. 增强医患互动，改善医患关系
3. 优质医疗资源分配不均，互联网将优化医疗资源配置
4. 大数据和共享的知识库提高医生治疗水平
5. 制药公司和医疗设备制造商可以通过大数据扩大研究合作，提升临床试验效率
6. 医疗卫生行业的信息化水平仍然很低，互联网将成为提升医疗系统效率的重要工具
7. 互联网每年可以节约大量的医疗卫生支出
8. 提高医保资金的使用效率，降低医保财政支出

图 11.3　互联网＋医疗行业变革作用

来源：阿里研究院整理。

三、医疗健康，创新模式百花齐放

互联网 + 医疗健康带来了百花齐放的创新，总的来看，将会从以医院为中心的就诊模式演变为以患者为中心，医患实时问诊互动的新型模式发展；将会从治已病向治未病方向发展；以大数据带动整个链条的优化以及决策的科学化。

1. 个人健康管理成常态，智能医疗设备随身带

智能可穿戴医疗设备在收集身体运动及健康数据之后，最重要的是要将这些数据传输到云端后台，通过云端的分析能力为消费者提供个性化健康管理服务。传统上人们是只有发现了生病的体征之后才会想到去医院看病，可穿戴医疗设备使得大家可以随时监测到自己生命的各项指征，实现防患于未然。

2. 医药电商结合 O2O 需求大，助推药价透明化

从药品的产品属性来看，作为一种高度标准化和条码指示性的商品，是最适合电子商务的行业之一。2014 年公布的《互联网食品药品经营监督管理办法（征求意见稿）》，对医药电商更是利好消息，其中网售处方药的解禁将为医药电商释放近万亿元的巨大市场空间。目前，我国医药电商行业规模不足药品零售市场的 5%，网售药品以 OTC（非处方药）和保健品等为主，药品整体销售额中 70%—80% 都还被医院所掌控。2013 年，美国的网上医药销售额已经达到 743 亿美元，占据美国药品零售额的 30%。未来中国医药电商发展空间巨大（见图11.4）。

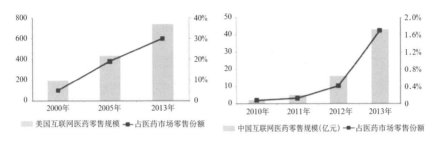

图 11.4　中美互联网医药零售规模比较

◇ 案例：天猫医药馆以电商医药平台汇集大家力量 ◇

目前，天猫医药馆有展示的连锁药房企业达到了 186 家，占到全部
执证药店的 70% 左右。2014 年 3 月至 2015 年 3 月，天猫仅在线医药业
务一项的交易额（不包括保健品、滋补等类目）就达到了 47.4 亿元人
民币。天猫医药馆作为平台方，除了集合众多国内外知名医药保健品牌
提供丰富的商品外，还不断进行专业体系化的健康咨询诊疗服务资源整
合，为消费者提供一站式全链路的健康医疗服务。

图 11.5　天猫医药馆网页界面

来源：阿里研究院。

3. 在线寻医问诊强，省钱省力随时问

从 PC 互联网时代的好大夫在线到今天的春雨医生为代表的 App 都是以在线寻医问诊为主的模式，患者希望能够便捷地找到真实可靠的医生信息并与医生进行轻型互动，得到专业医生的指导。

◇ 案例：春雨掌上医生从自查＋轻问诊发展成专属的私人医生 ◇

春雨掌上医生是春雨天下软件有限公司推出的一款移动终端上的医疗 App 应用（见图 11.6），向用户提供"自查＋问诊"两大功能。2011年 11 月，春雨掌上医生上线，5 个月时间内获得 180 万下载量，用户日活跃量 5 万左右，日问诊量 600 个。经过高速发展，截至 2014 年 8 月，春雨累计激活用户 2700 万人，日活跃用户 85 万人，注册医生 3 万人(其中 50%开设了空中诊所)，日均问题量 3.9 万。

图 11.6　春雨掌上医生应用界面

来源：阿里研究院整理。

春雨医生通过采用"自查＋轻问诊"模式，发展迅速，原因在于满足了以下三个方向的需求：（1）患者自我诊疗需求，"症状自查"业务满足了用户浅层需求，实现了边际成本趋于零，将是春雨未来重点的发展方向；（2）医院筛选病人的要求，春雨目前每天约有 3.9 万个问题，其中 30%—40%并不需要去医院就诊，这些问题在移动端得以解决，这在一定程度上缓解了医疗资源的紧缺，达到"分级诊疗"的效果；（3）第三方对渠道、数据的需求，春雨积累了大量客户资源和数据，使得与各方的合作变为可能，药店、医生、可穿戴设备、保险公司、健康管理机构均是潜在的合作者。

4.移动就医平台到，轻松就诊一条龙

老百姓看病的"三长一短"问题是医疗改革的重点之一。互联网能力赋予医院的挂号就诊缴费等流程之中对方便群众就医，提升医疗行业运行效率有重要作用。移动就医平台将使用户可以直接在移动端 App 中完成挂号、检查、缴费、取药，甚至查看检查报告等流程。以阿里巴巴、腾讯为代表的互联网巨头都在马不停蹄地在这个环节加深与全国各大医院的合作。

◇ 案例：浙江邵逸夫医院携手支付宝共建未来医院 ◇

2014 年起，支付宝推出的"未来医院"的项目作为移动就医平台，用户可以直接在支付宝中完成挂号、检查、缴费、取药，甚至查看检查报告等流程。截至 2014 年年底，全国已有 14 个省份（含直辖市）加入支付宝钱包"未来医院"计划，覆盖 37 家医院。未来医院不仅帮助医疗机构优化医疗资源配置，改善患者的就诊体验，还有效缓解了之前就诊过程中的低效率问题。

图 11.7　互联网 + 医疗流程

来源：阿里研究院整理。

浙江邵逸夫医院与支付宝钱包合作实现了通过手机上网轻松完成预约挂号、查询检验报告、充值预交金，可以减少患者及家属来回奔波之苦，缩短等候时间，也减少院内人员的流动（见图 11.8）。

图 11.8　浙江邵逸夫医院——未来医院

来源：浙江在线。

5. 药品身份证贯穿全流程，解政府监管难题，保百姓用药安全

国家药品安全"十二五"规划中明确指出，推进国家药品电子监管系统建设，完善覆盖全品种、全过程、可追溯的药品电子监管体系。国家药监局在 2015 年的一号文件中指出，2015 年年底前实现全部药品制剂品种、全部生产和流通过程的电子监管。

◇ 案例：互联网赋予药品监管新力量 ◇

中国药品电子监管网隶属于中国食品药品监管局，主要目的是实现通过唯一的药品监管码对药品实现全流程监管和全程追溯，实现药品的安全管理。中国药品电子监管网通过基于云计算平台收集的监管码数据不仅提升了政府对药品全流程监管的能力和科学决策水平，同时基于大数据还能服务整个药品流通环节的企业以及个人消费者，保证药品安全，有助于药品打假。

药监码信息未来能够贯穿生产、批发到零售等多个环节，从而实现大数据价值的全链条覆盖。基于云和大数据的中国药监网是互联网＋医药监管的完美体现，能够真正实现药品管理的透明化和规范化，保证药品在全流程的安全（见图 11.9）。

未来线下医疗资源与线上服务的对接将会成为最重要的发力方向，健康医疗行业的活力将会因为互联网的加入被激发出来。随着政府在这

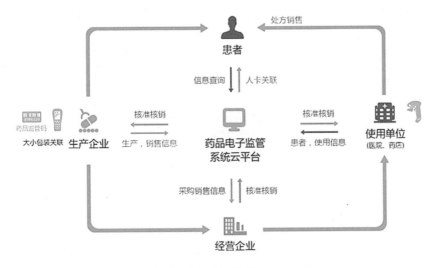

图 11.9　药品电子监管系统云平台

来源：阿里研究院。

个原本相对封闭的行业逐渐采取越来越开放的政策，用户的需求以及消费习惯从线下转到线上，智能可穿戴医疗设备的丰富以及互联网基础设施的完善，再加上云计算与大数据的强大处理能力，互联网＋医疗健康将会重塑医疗健康的生态链。

第十二章

互联网＋养老，
打造没有围墙的养老院

我国自 2000 年已进入老龄化社会，有关专家预测，到 2050 年，我国老龄人口将达到总人口的三分之一。我国呈现老年人口基数大、增速快、高龄化、失能化、空巢化趋势明显的态势，再加上我国"未富先老"的国情和家庭小型化的结构叠加在一起，养儿防老的传统养老方式受到严峻挑战，如何解决当下的养老问题，让老人们安享晚年，促进社会和谐稳定，是当前每个家庭亟待解决的问题。

表 12.1　2015 年老年人口发展趋势预测

2015 年	人数	人口占比	年均净增
60 岁以上老年人口	2.16 亿	16.7%	800 多万
65 岁以上空巢老人	5100 万	近 25%	
80 岁以上高龄老人	2400 万	11.1%	100 万

一、我国养老面临的困境

1."421"家庭大量出现

20 世纪 70 年代后期及 80 年代出生的独生子女一代，已经进入婚

图 12.1　"421"家庭养老困境

来源：央视网。

育年龄，成为上有老、下有小的"三明治族"。很多家庭都将面临两个年轻人同时要赡养四位老人的情形。专家预计，未来 10 年，"421"家庭在我国会达到上千万个，并将成为社会主流，使得传统的家庭养老模式受到制约（见图 12.1）。

2. 我国的养老机构严重不足

最新数据显示，全国养老机构近 4 万多家，总床位约 493.7 万张，相当于每千名老人拥有床位不足 25 张，而在发达国家每千名老人拥有养老床位数量达 50—70 张。

3. 养老机构、床位和专业人员的严重匮乏，已经成为许多城市养老服务的瓶颈

据预计，我国的老年人口当中大约有 6%—8%需要到养老机构去养老，以 65 岁以上老年为 1.38 亿人估算，全国需要 800 万—1100 万张床位。2014 年，全国老年福利机构的职工只有 22 万人，取得养老护理职业资格的也不过 2 万多人，在专业水平、业务能力、服务质量上无法满足老年人的护理需求（见图 12.2）。

老人

65岁以上：1.38亿人　床位：800万—1100万张

机构

4万多家，床位：约490多万张

职工

全国老年福利机构：22万人

老人>机构>老年福利机构职工

图 12.2　我国养老市场缺口

来源：阿里研究院整理。

二、传统养老模式

当下，各种新的养老模式概念被不断提出，例如以房养老、娱乐养老、旅游养老、老年大学养老等模式，但都未能多元化、多层次满足老年人的养老需求。随着老年福利制度从传统的救助型向普惠型转变，"花钱买服务"的消费理念逐渐加深民众对养老服务的认同感，逐渐改变老年人消费观念和消费行为，将老年人的有效需求与服务商的引导性消费结合起来，将加快养老服务市场化、专业化的步伐。

1. 居家养老

在特别重视家庭观念的我国，绝大多数老人仍首选居家养老，其次才是进养老院。如何将社会养老资源引入家庭养老中，各地都在积极探索（见图 12.3）。

图 12.3　居家养老服务探索

来源：阿里研究院整理。

2. 机构养老

养老行业属于银发经济，相比其他创业领域，其投资周期较长，风险相对较高。养老院办起来，收费高老人进不来，收费少则要赔本。当前我国老年人收入水平较低，在他们的消费能力与企业的利润中间要取一个平衡点并不是易事，100 张床位以上的养老院能通过规模化实现盈利。政府和普通的民营养老院解决的是最需要照顾的一些老人，因此往往意味着福利、非营利或者低营利。很长时间里，民营养老院不得不坚持着低营利性的原则，大部分养老院的月床位费在 500—1500 元左右。

表 12.2　养老产业相关服务商

细分领域	典型公司
居家养老	深圳金力康居家养老服务中心，青松老年专业护理，红袖坊家政服务有限公司等
日托所	南京心贴心日托所等
老年人餐桌	北京龙盛众望早餐有限公司等
传统养老院	天津鹤童养老院，东方综合养老院，北京金鹤养老院等
高端养老社区	北京太阳城，北京汇晨老年公寓等
临终关怀医院	松堂关怀医院，凤凰关怀护理院等
老年人教育	东方银龄远程教育等
养老护理员培训	天津鹤童老人护理职业学校等

来源：阿里研究院整理。

3. 社区养老

根据我国市场的情况，一些外资机构则将目光瞄准了高收入的老人群体。2006 年 6 月，德国奥古新诺颐养中心落户上海国际医学园区，其针对的消费群体是月收入 1000 欧元、处于中等收入水平的"高端"人群，如当地的富裕家庭、华侨、我国留学生的父母，以及跨国企业外籍主管人员的父母。老人入住时所交付的押金数额，大致等同于该房间的产权价格。

养老产业陷入两难局面。一方面，老年人分布分散，一个社区多则百人、少则数十人，难以形成规模效应，导致服务成本高；另一方面，市场尚未有成规模的服务商介入，服务能力薄弱，布局过于零散，辐射范围大多限于一两个社区，导致服务价格较高，老年人承受不起，无法扩大市场范围。

三、互联网 + 虚拟养老院

要改变我国目前养老的现状，需要深耕市场，尤其需要借鉴互联网思维来突破，实现"养老服务和消费无缝对接"。"虚拟养老院"是以居家养老人员为对象、家政服务队伍员工为组织网络，以社会化与市场化相结合为经营模式的全新居家养老服务体系。"虚拟养老院"可以说是"社区居家养老"模式的升级版，打破了原有的现实社区的时间、空间限制，由互联网构建了一个更为庞大的"虚拟养老社区"（见图 12.4）。

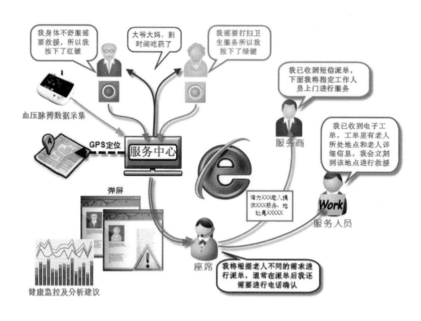

图 12.4　虚拟养老院示意图

来源：临安生活网。

1. 虚拟养老院的特点

一是建立"我为人人、人人为我"的互助体系，政府主管通过互联网方式征集低龄老人或年轻志愿者组成"以老助老"互助小组，在身体健康状况较好时，可以为高龄老人提供服务，同时主管部门对其服务时长进行存档并开具证明，等其成为高龄老人需要其他人服务时可以兑换，让别人提供同等时长的服务，让不同年龄段的老人自己参与到养老产业建设之中；二是通过互联网＋，整合社区医疗保健站、托老所、养老院、护理院、照料中心、文化活动中心等服务资源，将这些资源的使用、闲置情况数据进行联网，实现资源的最大化利用；三是建立养老大数据系统，将空巢、孤寡老人的健康、生活需求、社会照料需求等养老需求方的数据动态采集，同时收集义工、志愿者等愿意提供老人看护、日常服务等服务提供方数据，使得供需双方服务能力、服务时间的有效匹配，让社会资源得到最大化利用（见图 12.5）。

图 12.5　社区居家养老服务

来源：阿里研究院整理。

2. 虚拟养老院基本服务

紧急救助。针对老人突发性事件、身体不适或其他系统侦测到的紧急情况下，可以一键或系统平台自动发起紧急求救。包括通知物业保安、老人子女、居委会以及卫生医疗机构、120、110、119，等等。服务中心会在第一时间，尽快地根据老人的地理信息和历史记录，全方位的通知有关人员赶到现场实施救援，从而保障老人的生命财产安全（见图12.6）。

图 12.6　老人紧急情况救助示意图

来源：临安生活网。

生活服务。老人在需要帮助的情况下，可以通过一键发起日常生活求助，让老年人在家就能享受到生活照料、家政服务、康复护理、精神慰藉、法律服务、老人用品配送等专业化、亲情化、多元化、智能化的养老服务。从而为老人提供多方位的专业的服务对接（见图12.7）。

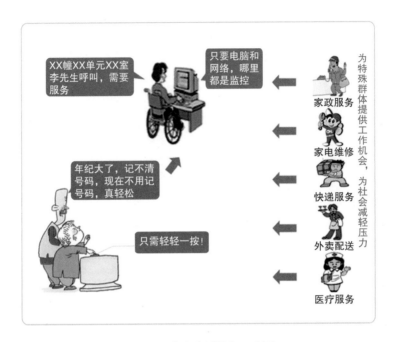

图 12.7　老人生活服务示意图

来源：临安生活网。

老人社交。依托社区文化活动中心等资源，组建老人"活动俱乐部"，在线下组织老年人开展活动，丰富老年人的娱乐生活，同时建立线上老年人"社交俱乐部"。通过O2O方式，满足老年人社会交往、交流需要，让老人不孤独、不依赖，不满足温饱型的老年生活。

老人关爱。综合运用微信、电话、短信、语音等手段，向老人推送服药提醒、天气状况、保健护理、疾病预防、政府的养老政策等实用信息。

第十三章

互联网＋交通，让交通尽在掌控

互联网＋交通与传统交通的最大不同在于创建了基于互联网全网信息的多边供需平台，并利用移动终端不间断地收集供需数据（人、车、货的地理空间等交通配套信息）、调度供需双方并实时交流，采用大数据进行实时分析匹配，采用云计算以质优价廉的计算能力全天候支撑互联网＋交通供需平台上全民出行、全国货运的智能服务（见图13.1）。

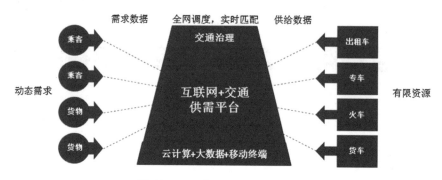

图 13.1　互联网＋交通供需模型

来源：阿里研究院。

一、让出行更方便

2014年，我国铁路客货运输改革以来，国家铁路完成旅客发送量23.2亿人、完成货物发送量30.7亿吨，客运量增长12%。近年来，民航、铁路、公路等都与互联网亲密接触，诸如国航、南航等航空公司，都推出了在线订票、在线值机等服务；2010年1月，12306网站的上线，更是改变了几十年来通过火车站、代售点排队购买火车票的局面，虽然在春运高峰期偶有网站无法访问甚至瘫痪的现象，但还是极大方便了百姓的订票出行（见图13.2）；还有12308致力于统一全国汽车票市场，已经覆盖了国内359个城市的5293家汽车站信息，并实现61个城市在线售票（见图13.3）。这些都深刻改变着我们的出行方式，方便着我们的生活。

图 13.2 云上 12306 火车票订购网站

来源：12306 网站。

图 13.3 云上 12308 汽车票订购网站

来源：12308 网站。

通过互联网平台、移动互联网、手机客户端、基于位置的服务（LBS）构成的生态体系，精准地对接供需双方的动态，即大量碎片化的大众长尾需求，高效整合有限的服务供给方，满足各式各样的百姓出行要求，让出行不再成为"难题"，让货物更快送达，让交通流量数据化、可视化、精准化，通过"比特化"让每一个人、每一件货、每一辆车都从现实的"原子世界"向互联网上的"比特世界"全息投影，利用大数据驱动互联网＋交通的智能供需平台不断进化升级。

◇ 案例：快的打车软件 ◇

在现实社会中一直存在乘客打车难、出租车空驶这个两难问题。打车软件通过乘客、司机的手机客户端 App 软件，实现乘客、司机的最优路线匹配，不简单地根据乘客、司机地理直线距离就近安排车辆，而是考虑两者间地形地貌（例如河流）、司机喜好路线／目的地（例如机场、家附近）、乘客日常生活行为特征（例如在什么情况下可能去什么地方）等多方面因素，实现乘客发出去的订单最短时间响应，帮助司机降低空载率、实现运力最大化。同时，通过乘客、司机"评价"分享，逐步建立起乘客、司机的在线出行信用数据库（见图 13.4）。

图 13.4 快的打车，一"触"即"发"

来源：快的网站。

打车软件的应用，能够有效地增收节支，改善出租车司机的工作状况。打车软件有效地将出租车空驶率从 40% 以上降低到 25%，空驶率每降低 5%，每年出租车市场的交易规模将增加 200 亿元，据此测算相当于增加 600 亿元的市场规模。此外，打车软件出现前，出租车司机经常会有罢工现象，但打车软件出现后，司机收入水平显著提高了、劳动强度也逐步改善，司机罢工现象显著减少。同时，使用打车软件还有利于节能减排，仅北京一个城市，使用打车软件的出租车每年因此减少的二氧化碳排放量超过 8 万吨。

二、数据让管理更智慧

在移动互联网上时时刻刻产生的交通大数据无疑是解决城市治理复杂挑战的最强"智慧大脑"，通过在云上跨行业融合政府、企业、个人三类数据，采用算法模型进行实时数据计算，智能化给出个性化服务推荐，借助数据可视化掌控全情支撑交通决策，是将海量数据资源商业化／社会化应用的必由之路（见图 13.5）。

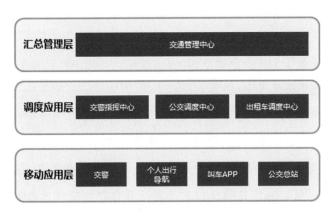

图 13.5　交通大数据挖掘

来源：阿里研究院。

1. 汇总管理层

城市交通状况全盘监控，及时预警调控。通过"数据可视化"，使动态变化的大量地理交通数据可被理解，包括动态轨迹分析、城市热区分析、道路网络分析等。

2. 调度应用层

针对上级总体的调控，职能部门对管辖区域进行执行调度。采用"实时数据计算"，海量数据的全网挖掘与实时计算，甚至预判交通发展状况。

3. 移动应用层

数据透传各执行单位系统，并回传实时数据。利用移动互联网实现"数据融合"，交通需要时、空、人数据的匹配融合，覆盖天气数据、线路数据、GPS 数据、乘车数据等。

◇ 案例：高德构筑"交通数据枢纽" ◇

城市拥堵问题已成为社会痛点，中国 50 多个城市的拥堵日益严重，1.5 亿人口出行受到影响，拥堵等交通问题无疑是社会关注的焦点，也是"互联网＋"改造的重点方向之一。国内领先的数字地图内容、导航和位置服务提供商高德公司基于 3 亿多用户的参与，12 年交通算法（精准路况处理、路况预测技术、避拥路线计算、大数据挖掘技术等）的钻研积累，覆盖了 110 多个城市、50% 的道路、月均 100 亿公里驾驶行为，全民在高德上分享了 70 多万起交通事件。

2015 年 4 月，高德公司联合北京、广州、深圳、天津、沈阳、大连、无锡、青岛等 8 个城市的政府交通管理部门，以及各地交通广播电台等权威媒体机构，共同推出"高德交通信息公共服务平台"（见图 13.6）。据了解，基于高德提供的实时交通信息和交通大数据能力，该服务平台为相关交通机构提供"城市堵点排行""热点商圈路况""权威交通事件""堵点异常监测"等交通信息分析，并提出智能出行躲避拥堵方案。"城市堵点排行"能够提供城市不同路段的拥堵排名、延迟指数、拥堵长度以及拥堵绕行路线推荐；"热点商圈路况"能够分析城市热点商圈路况全景和避堵路线建议；"权威交通事件"则实时、权威地播报当前发生的交通和路况异常事件，这些事件除了高德官方发布，交通管理部门、用户也可以通过特定入口提交和上报；而"堵点异常监测"则是对城市各个交通枢纽点进行重点监测和异常分析，实时建议市民是否需要绕行（见图 13.7）。

图 13.6　高德交通信息公共服务平台

来源：阿里研究院整理。

图 13.7　"互联网＋社会力量"解决城市交通难题

来源：阿里研究院整理。

【案例视频】

《互联网＋的神奇魔力：智能交通》

《打车软件让出行不再难》

《京津等八城市推出智能交通平台》（高德交
通信息公共服务平台）

第十四章

互联网＋教育，让教育回归本源

如同互联网带给其他行业的冲击一样，互联网对教育带来的变革只是刚刚开始。互联网教育不应该简单地理解为教育信息化或者培训产业在线化，未来的互联网教育应该更能够克服现有教育存在的诸多不足，带给我们区别于传统教育的良好体验，这才是互联网教育未来的发展方向和意义所在。

我国教育市场巨大。据国家统计局《2014 年国民经济和社会发展统计公报》显示，2014 年全国各类在校生约 2 亿人，其中在校研究生184.8 万人、在校大学生 2468.1 万人、在校中等职业生 1802.9 万人、在校高中生 2400.5 万人、在校初中生 4384.6 万人、在校小学生 9451.1万人。

一、中国教育面临的三大问题

当前中国教育面临的主要问题是三个（见图 14.1）：

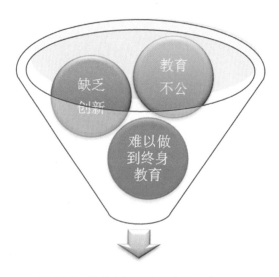

图 14.1　当前中国教育面临的三大问题

来源：阿里研究院整理。

1. 教育不公

学者们把教育公平分为三个层次。第一，是受教育的机会公平，即"有学上"，人人都享有公平教育的权利；第二，是受教育的质量公平，即"上好学"，人人都享有高质量教育的权利；第三，是受教育的效果公平，即"上学好"，人人都享有得到好的教育后产生好的效果的公平。

2. 缺乏创新、脱离实践

有人形容，今天我们的脚已经迈进了信息社会，我们的身体还在工业社会，我们的脑袋还停留在农业社会（见图 14.2）。

图 14.2　我国教育与社会的脱节

来源：阿里研究院。

今天的中国正处于现代化与信息化叠加、经济新常态、全面改革的关键期，然而我们的教育没有走在社会发展的前面，反而好像落在后面。高考作为中国教育指挥棒的作用依然分量十足，而通过高考独木桥的学生们却纷纷选择留学海外，甚至更多优秀学生放弃高考直接追求国外教育服务，令人感慨的是，为学生提供留学服务的新东方教育成为中国目前最强大的互联网教育公司。

3.终身教育

随着知识更新换代节奏加速，人的一生时时刻刻、随时随地都需要学习。终身教育存在泛在性、非正式性、社会性、情境性、适应性等特点，而传统教育受制于时间和空间的限制，很难匹配这种学习需求。

二、互联网教育的探索

教育的核心有四个要素：教师、学生、课程和方法（见图14.3）。这其中最活跃的力量包括教师与学生（早期互联网的忠实用户大多数来自教育网）。通过影响学生和老师，互联网已经开始影响教学内容、教学方法、教学结构乃至整个教育体制。从学生角度来看，互联网多媒体的特性将对人类的感性认识产生巨大的影响，从而逐步改变人们接受教育的形式，影响整个人类社会的教育功能。

图14.3 教育核心四要素

来源：阿里研究院整理。

技术的革命、现实的不满以及强烈的需求，互联网教育越来越成为化解当前教育问题的战略选择。有"互联网女皇"称号的玛丽·米克尔（Mary Meeker）在《2014 年互联网趋势报告》中指出，在科技技术的带动下，教育行业将迎来发展拐点。自 2012 年后，互联网教育行业逐渐升温，投资并购不断，**BAT** 纷纷逐鹿，大家都把互联网教育看作是一个巨大的商机，它主要有以下几种模式（见图 14.4）。

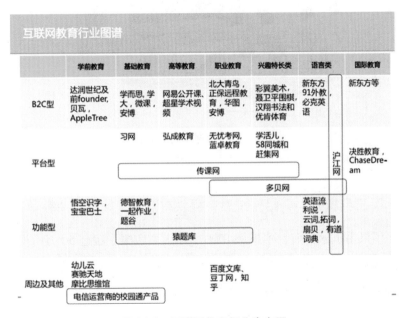

图 14.4　互联网教育行业生态图

来源：阿里研究院整理。

1. 内容重构——慕课模式

慕课，音译自"MOOC"，是英文 Mass Open Online Coureses（大规模公开在线课程）的简称。慕课的理想是希望"任何人、任何时间、任何地点能学到任何知识"。简而言之，慕课希望让任何有学习愿望的人能够利用最优质的教育资源，低成本地、通常是免费学习付费认证的方式学习。目前，国外出现了慕课三巨头 edX、Coursera 和 Udacity。中国也出现了一些慕课平台，例如学堂在线、MOOC 学院、万门大学、果实网、华文慕课、YY 旗下的 100 教育等。

图 14.5　慕课模式示意图

来源：新浪微博。

2. 工具模式——给传统教育提供有互联网属性的"教学工具"

苹果手机。目前，苹果从 1000 多所大学收集了超过 50 万份视频和音频教学文件，总计下载量达到了 7 亿次。其近期发布的升级版 iTunes U App 已经允许任何教师在上面发布教学内容。

校讯通。校讯通的唯一目的就是解决老师、家长、学生的沟通问题。

猿题库。这个软件的唯一目的就是帮助学生做模拟题。

3. 基础设施——教育云和大数据

大数据已经成为新的生产要素，教育也不例外。人们在教育过程中的一切行为都可以转化为数据。每个学生上课时的笔记、做作业、试验、考试、参加活动等的记录，都可以转化为教育大数据。通过数据分析，教育可以为每个学生提供个性化的内容与进度。老师可以准确知道学生的偏好、难点和共同点，对学生因材施教。今天，中国也出现了解决这一问题的尝试。

◇案例：云校（Yunxiao.com）◇

图 14.6　云校示意图

来源：云校网。

"云校"是原百度首席架构师林仕鼎组建的创业团队的第一款云教育产品。云校是面向中小学的 SaaS 平台，运用云计算和大数据的技术，全面满足学校在管理、教学和学习等方面的需求，提供排课选课、过程性评价、成长记录、互动交流以及老师的备课上课、收发作业、组卷阅卷等功能。

目前云校已经在北京第十一中学等 100 多所学校推广使用，效果良好。北京第十一中学的校长李希贵说，"未来的学校将会被重新定义，这是我们无法回避的趋势。它会是 O2O 的形态，线上有面向世界的学校，面向所有的学生；线下有许多转型后的学校，也许两三年以后，学生的知识、能力的培养模式会发生变化，我们的课堂也将会跨越边界成为全球教室"。

三、互联网教育存在的问题

虽然互联网教育已经出现了很多尝试和探索，但还存在不少困难和问题（见图 14.7），如教育质量不可控、克服人性的弱点等，仍需要社会各界的宽容与呵护。

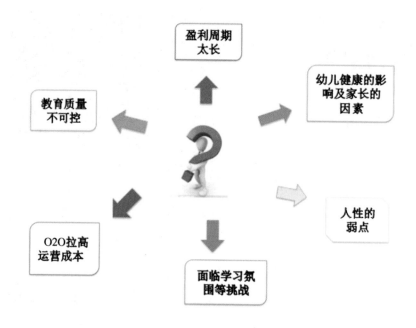

图 14.7　互联网教育面临的一些难题

来源：阿里研究院整理。

体制内教育应当充分注重吸收体制外教育的创新实践。[①] 澳大利亚前总理吉拉德认为，实质性的教育变革比较容易出现在非主流的教育边缘，出现在体制外的教育。这是因为政府提供的教育只能做"不错"的事，无法承担创新失败的风险。政府特别需要学习的，是对教育创新有宽容和吸收的弹性，使得体制外的创新能够被接纳、融入正规教育而得以推广。

---

① 引自杨东平：《我们更需要自下而上的教育创新》，《中国青年报》2015 年 1 月 15 日。

四、互联网教育的未来

对未来互联网的变革，我们不妨大胆地颠覆性地畅想一下：

1."授课"模式会被消灭

在这个过程中，老师授课的依赖会越来越小，并被技术部分取代。

2. 教育的本质是服务

未来的学习过程，将由"以老师为中心"转向"以学员为中心"。

3. 教育平台的本质是社交

如"超级课程表"已是全国最大的校园交友社区。覆盖全国3000多所大学，拥有1500多万注册用户。

4. 个性化的学习出现

在线教育通过收集大量数据，可以全面跟踪和掌握学生特点、学习行为、学习过程，进行有针对性的教学，更准确地评价学生，提高学生的学习质量和学习效率，出现真正的"因材施教"。

5. 优质教育资源平等共享

由于在线教育成本很低，优质教育资源将不再局限于高等学府，将有机会传遍全国和全球的每个角落，使每个人都有机会接触。

6. 4A（Anytime、Anywhere、Anybody、Anyway）学习模式的到来

做到在任何时间、在任何地点、以任何方式、从任何人那里学习。

将会颠覆传统的教与学的过程与规律。

7. 教育娱乐化

在线教育提供了学习趣味化的机会。

8. 在线教育实现社会认证

第十五章

互联网＋，政府创新与发展

一、技术进步驱动组织变革

李克强总理指出的"互联网＋"，实际是互联网成为社会经济运行的基础设施后，以互联网为核心的创新技术在各个行业的广泛渗透和应用，以及引发的各种"化学反应"。通过云计算和大数据工具开发数据资源，将"大数据"应用到社会各个领域，产生更多的价值，并从根本上引发社会经济运行方式的改变。

纵观人类社会历史，从农业社会、工业社会再到信息社会，每一次关键技术的出现与普及，无一不会引发政府组织的变革和重构。随着20世纪90年代开始的信息技术推动的互联网经济的飞速发展，从根本上引发社会经济运行方式改变的同时，必定对政府组织的变革与重构产生推动作用。从内生的需求看，在工业社会背景下架构的政府组织，必须要进行变革，才能够适应信息社会的经济运行方式，从而更好地发挥公共服务职能。从技术的角度看，信息技术与互联网领域的不断创新，也为政府组织的变革与重构提供了新技术和新思路——源于互联网、服务互联网（见图15.1）。

图 15.1　技术推动组织变革

来源：阿里研究院。

二、互联网＋时代，组织的特点和效能

信息技术与互联网的发展，首先在互联网领域引发了一系列的组织变革。纵观组织变革，无一不和互联网倡导的开放、透明、分享，公正、公开、公平的理念环环相扣，同时也显露出互联网扁平化、分布式的网状结构。

1. 组织结构：大平台＋小前端（个人）

"没有开始、没有结束、也没有中心，或者反之，到处都是开始、到处都是结束、到处都是中心。"凯文·凯利在《失控》中这样刻画他看到的"网络"。

以网络视角看企业，它面对的实际上有三张正在形成中的"网"：消费者的个性化需求，正在相互连接成一个动态的需求之网；企业之间的协作也走向了协同网的形态；单个企业组织的内部结构，被倒逼着要从过去那种以（每个部门和岗位）节点职能为核心的、层级制的金字塔结构，转变为一种以（满足消费者个性化需求）流程为核心的、网状的结构（见图 15.2）。

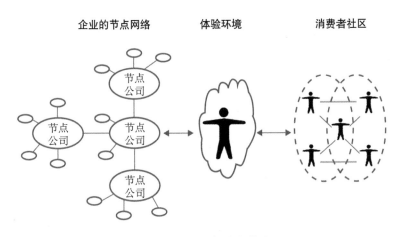

图 15.2 大平台＋小前端

来源：[美] C.K.普拉哈拉德等：《消费者王朝》，王永贵译，机械工业出版社 2005 年版。

只有实现了这种结构上的转换与提升，企业才能够有效地实现自身内部的联网，以及企业与消费者之间的联网，由此也才能真正有效地感知、捕捉、响应和满足消费者的个性化需求。

2. 外显结构：大平台 + 小前端

任何企业都面临着纵向控制/横向协同，或集权控制/分权创新的难题。今天的互联网和云计算，为这一老难题提供的新方法，就是以后端坚实的云平台(管理或服务平台＋业务平台）去支持前端的灵活创新，并以"内部多个小前端"去实现与"外部多种个性化需求"的有效对接。这种"大平台＋小前端"的结构，已成为很多企业组织变革的"原型"结构。

网上服装品牌"韩都衣舍"每年可以发布几万个自有品牌的新款服装，极大地考验着它的应变能力。为此，它在内部实行了鼓励员工自动自发创新的买手小组制，成立了数百个买手小组。买手小组独立核算且完全透明，拥有很大的自主权，比如公司只会规定最低定价，而起订量、定价、生产数量、促销政策等，则全部由买手小组自己决定。

苹果的 App Store、淘宝的网络零售平台等，同样也是类似的结构。其特征表现为分布式、自动自发、自治和参与式的治理等。

3. 内在结构：组织网状化

"大平台＋小前端"是一种外在的、显性的静态结构，隐性的、内在的动态结构则是组织的"动态网状化"。这一点在海尔得到了系统的实践。

为满足互联网时代个性化的需求，海尔把 8 万多名员工，努力转变为自动自发的 2000 多个自主经营体；将组织结构从"正三角"颠覆为"倒三角"；继之以进一步扁平化为节点闭环的动态网状组织。每个节点，在海尔的变革中，都是一个开放的接口，连接着用户资源与海尔平台上的全球资源。

4. 组织过程：自组织化

商业组织的组织方式，在过去通常被认为有两种主要形态："公司"这种组织方式依赖于看得见的科层制，需要付出的是内部管理成本；"市场"这种组织方式依赖于看不见的价格机制，付出的是外部的交易成本。

"公司化"曾是 19 世纪末 20 世纪初的一场商业运动，公司由此成为社会结构的主要构件。大部分社会成员，不是在这家公司，就是在那家公司，个人大都必须要通过公司，才能更好地参与市场价值的交换。今天，这种"公司"占据主导地位的格局，已开始受到了冲击。这主要是因为，互联网让跨越企业边界的大规模协作成为可能。

组织协同：如何应对"小批量、多品种、快反应"的消费需求？

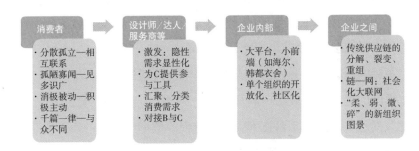

图 15.3　应对网络时代需求的组织协同

来源：阿里研究院。

5. 组织边界：开放化

虽然互联网让企业内部的管理成本和外部交易成本都有所下降，但后者的下降速度却远快于前者。这种内外下降速度的不一致，带来了一个重要的结果："公司"这种组织方式的效率大打折扣了，"公司"与"市场"之间的那堵"墙"也因此松动了。

从价值链的视角来看，研发、设计、制造等很多商业环节，都出现了一种突破企业边界、展开社会化协作的大趋势。宝洁公司注意到，虽然自己拥有8500名研究员，但公司外部还存在着150万名类似的研究人员！为吸引全球的研究人员在业余时间里分享和贡献他们的才智，宝洁把内部员工解决不了的问题放到网上，给出解决方案的研究者将获得报酬，这正是研发环节的开放。

从企业与消费者的关系来看，此前的模式是由企业向消费者单向地交付价值，而在C2B模式下，价值将由消费者与企业共同创造，如消费者的点评、参与设计、个性化定制等。

6. 组织规模：小微化

"小微化"的趋势并非始于今日。有资料显示，在德国，全部工业企业的平均规模在1977年前呈上升趋势，但此后则呈下降趋势。在法国，无论是10人还是20人以上工业企业的平均规模，在1977年后都出现了下降。英国企业规模的下降是从1968年开始的。日本和美国则是自1967年起平均企业规模就开始下降。

下降的原因有社会化物流成本的下降、流通业效率的提升、产品模块化程度的提高、政策法规的开放等。到今天，互联网再次加速了"小微化"的趋势，随着平台技术、商业流程、数据集成度的不断提高，小前端企业的"大而全"，已经越来越没有必要了。

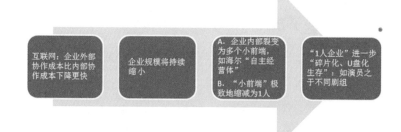

图15.4　组织规模的小微化

来源：阿里研究院。

根本上是因为工业时代占据主导地位的是"小品种、大批量"的规模经济，与之相适应，组织也在持续走向极大化。但在信息时代，随着"多品种、小批量"的范围经济正在很多个行业不断扩展自己的空间，更多组织的规模，相应地也在逐步走向小微化了。

三、协同治理——政府管理创新的方向

基于信息经济的特点，以及映射在互联网企业组织结构的转变上可以看出，为了适应信息社会经济运行的方式，政府作为社会共治的重要主体，其组织形态可能会产生几个显著的变化。

1. 政府组织架构从金字塔形和树状结构向扁平化转变

随着信息技术的发展和互联网应用的大量出现，信息传递大大提速，简化了行政运作的环节和程序，必将减少组织管理层次。政府的组织形态也将由传统的金字塔形和树状结构向扁平化的网状结构转变，并且更加具有灵活性、有机性和适应性（见图 15.5）。这种扁平化的网络型组织结构，强调信息共享、权力分散，重视横向的沟通与协作，把知

图 15.5　网状、扁平化的组织结构

来源：阿里研究院。

识与目标联系起来，并注重人力资源的开发。网络信息技术还使执行层与决策层直接沟通，这不仅有助于提高信息传递的速度和效率，而且可帮助优化行政组织结构，降低行政运作成本，提高行政效能。

2. 政府组织的权利体系从中心化向网状分布式转变

数据将成为核心生产力，信息即意味着权力。互联网崇尚的跨界、去中心化，使得信息不再沿着官僚制的等级链进行传递，掌握多数信息的不再是高居金字塔尖的少数精英，处于网络任何一个节点的网民都可以获得等量的信息（见图 15.6）。网络及其无中心化趋势的加速发展，粉碎了传统社会信息垄断的格局，使社会控制由过去的单一支配关系演变为对话和协商。网络的发展从促使行政权力的分化开始，改变了传统的"命令—控制"方式。网络时代的政府管理方式体现着分权与民主的特质，在政府外部，普通公众获得了从政府内转移出的部分权力，这使得民主政治不再是一种现代政体必不可少的装饰。

图 15.6　信息的非中心化获取

来源：互联网。

3. 政府组织的规模从不断扩大到逐渐缩小

随着信息技术的发展，政府职能或将普遍借助于信息技术得以实现，这在客观上将大幅缩小政府组织的规模。正如阿尔文·托夫勒（A. Toffle）所言："如果一种崭新的，以知识为基础的经济确实在取代大烟囱工业生产，那么，我们就会看到一场历史性的斗争。这场斗争将重建我们的政治机构，使之适应革命性的后批量生产。"电子政务的发展催生了公共行政的流程再造、信息共享和协同办公，从而要求建立一种扁平的、弹性的、无缝隙的政府组织形态。为实现这一目标，必须大力推进政府机构改革，削减被信息技术所代替的政府机构，发展政府机构跨部门的合作，提升政府的整体能力，从而建构一种简约的顺应网络时代要求的政府组织模式。

4. 政府组织的人员个体将趋于专家化

德鲁克曾预测，知识工作者将很快成为发达国家中最大的族群。事实正是如此。20世纪五六十年代的IT应用，首先让后端财务人员等的工作方式发生了转变。80年代PC普及，几乎让所有的知识工作者的工作方式都发生了革命。到今天的IT消费化浪潮——平板电脑、智能手机，以及云计算对消弭数字鸿沟的极大推进，企业所有部门和员工工作的IT化、信息化、知识化将基本完成。随之而来的，就是政府人员的专家化。互联网时代，人人都将是知识工作者，人人也都是某个领域的专家，这将让个体的工作与生活更加柔性化。与此同时，这也对身在政府组织中的工作者提出了更加严格的要求，即必须不断努力，成为专家型官员。

第十六章

互联网＋，大数据提升社会治理能力

随着我国互联网与电子商务的快速发展和不断创新，其全新的理念和方式不断挑战着传统产业的运营模式，带来一系列变革的力量。这种创新和发展积累到一定程度，必然倒逼相应的治理和监管作出调整，而进一步，管理体制的调整也需要法律的确认。

大数据是互联网与电子商务快速发展带来的重要应用领域之一，对企业、用户和政府等充分拥抱互联网和信息时代都有着重要的影响。在美国总统办公室 2014 年 5 月的《大数据白皮书》中提出：虽然大数据毫无疑问地加大了政府权力累积未经核实的事实的可能性，但它也提供了增强公众责任、隐私和权利的方案。如果正确实施，大数据将成为历史前进的推动力，帮助我们国家保持长期以来成为我国特点的公民和经济活力。大数据技术将变革生活中的每一个领域。它们使之成为可能的知识发现提出了我们为隐私保护构架的框架如何在大数据生态系统中应用的重大问题。大数据也引发了其他问题。这个报告的一个重大发现在于，大数据分析有一定可能使长久存在的公民权利保护黯然失色，特别在于个人信息如何用于住房、信贷、就业、健康、教育及市场领域上。美国人与数据的关系将扩展他们的机会和潜力，而不是缩减。

今天，中国社会转型的规模之大、速度之快和程度之深是史无前例的。新型工业化、城镇化、信息化、农业现代化"四化"交织，政治、经济、文化、社会、生态建设同步推进，都考验着政府应对矛盾与问题的能力。以往建设和发展出现了问题，我们往往是用增量的办法缓解资源紧张（路堵了就多修路、治安差就加派警察），用集中的运动式治理弥补常规治理的失灵。这些思路都没有突破既有框架，难免陷入"头痛医头、脚痛医脚"的怪圈，我们把这种模式称作"第一序改变"。而大数据寻求的是"第二序改变"，它改变的是问题的解决框架，即通过数据化、物联化、智能化搭建一个智慧平台，使有限的资源得到最为合理的配置，使失控的状态变得可控、可预测，使难解的问题迎刃而解。①

大数据将会对政府治理范式、政府职能和政府自身管理等多个方面产生影响（见图 16.1）。

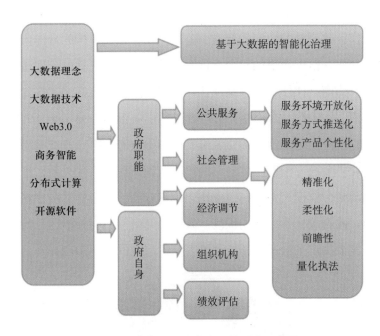

图 16.1 大数据对政府治理的影响示意图

来源：阿里研究院。

一、转变治理思路

首先，在互联网和大数据的时代，需要充分利用以网治网来实现互联网的公共治理。对于以网治网的理解，应该不是由政府再建一个网络来治理民间的这个网络，而是充分利用社会力量、平台、网商和网民自

---

① 徐继华、冯启娜、陈贞汝：《智慧政府：大数据治国时代的来临》，中信出版社 2014 年版，第 9 页。

治来治理互联网；更进一步的，应该是政府充分利用互联网思维治理互联网，借鉴平台通过网规治理电子商务生态系统的做法和经验。如平等、分享、透明、C2B、诚信、快速更新、众包、系统治理，等等。

公共治理体系的构建意味着政府绝对权威转变为政治国家与公民社会的合作、政府与非政府的合作、公共机构与私人机构的合作、强制与自愿的合作，自上而下的权力运行方向转变为上下互动的管理过程，通过合作、协商、伙伴关系、确立认同和共同的目标等方式实施对公共事务的管理。[①] 因而，合作是公共治理的重要关键词。要完善互联网的公共治理，就应当建立治理的协调机制，明确政府、第三方交易平台经营者与行业协会三方治理主体各自的权限范围，理顺相互关系，平衡治理权重，调整合作模式。而在建立协调机制方面，政府显然发挥着关键性的作用，政府放权于社会的程度、政府如何调整与引导治理三方，都在很大程度上决定了治理协调机制能否完备有效（见图16.2）。

图 16.2　围绕阿里巴巴相关平台正在形成的治理生态圈

来源：阿里研究院。

---

① 参见俞可平主编：《治理与善治》，社会科学文献出版社2004年版，第5—6页。

二、完善公共服务

大数据带来公共服务环境的"开放化"。大数据时代，数据将成为一种权利，开放将成为一种潮流，公共服务环境的开放达到前所未有的程度。数据的开放和流动，代表着知识的开放和流动，代表着权利的开放和流动。经济更加发达，政府更加开放，城市更加智慧，社会更加民主，共同构成了开放式的、平台式的公共服务生态环境。在开放的环境中，公共服务机制前所未有的完善，需求将更加明确，服务配置将更加优化，服务方式更加灵活，服务供给更加丰富，服务质量更加高效，社会生产力将得到更大的解放和发展。

大数据带来公共服务方式"推送化"。大数据时代公共服务供给将由"索取"向"推送"转变，这一转变涵盖了两层意思，一是公共服务态度变得更加主动，从"被动"向"主动"转变。大数据时代，无论是公众还是政府的行为都被放在"第三只眼"观察下，为此公共服务将变得更加"主动"。主动对公共服务进行过程追踪，确保公共服务质量，从而有效解决食品、药品等行业的安全问题；主动改进公共服务质量，政府部门可以通过分析大数据来判断公众对公共服务质量的评价，借此来改善服务，提高客户满意度。二是公共服务提供方式变成"推送"，网络外部性使得政府数据随着受众群体的增加，成本越来越低，倍增效应越来越大，当政府意识到数据开放的收益远大于其成本时，被动的索取将向主动的推送转变。

大数据带来公共服务产品"个性化"。大数据时代的到来，一方面，让数据挖掘更加深入和精细化，有条件引导政府提供更加个性化和人性化的公共服务。例如在医疗卫生行业，相关部门可以从多个渠道获取个人健康信息，把职业、行为等行为数据与电子病历等医疗数据关联起来，形成一个综合的健康状况模式，提供精细化的医疗服务。另一方面，大数据时代以语义网为代表的 Web3.0 技术将成为主流，政府通过对公众在政府网站、微博等的浏览次数、栏目关注度、在线申请服务、发表评论等多项活动的分析，运用数据挖掘技术工具等对公众活动进行关联，进而主动形成个性化的服务。

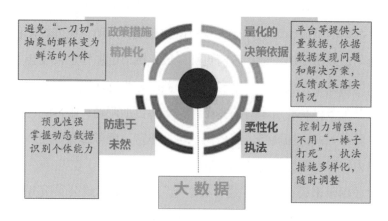

图 16.3　大数据治理的特点

来源：阿里研究院。

三、对社会管理的影响

大数据使"参与型"社会形成。大数据时代，政府将以更加开放的心态，把市民当作"合作伙伴"和城市问题的"决策者"，给市民提供广泛的参与机会，从而推动公众由象征性阶段参与迈向实质性参与阶段。

这种转变集中表现在以下三个方面：第一，公众参与的合法性增强。在大数据时代，社会成为一个社交平台，公众可以任意使用平台上的任何资源，同时也会发表自己作为公民的意愿或建议。政府会主动或被动地听取公众的意愿或建议，公众的声音在社会响起。第二，参与渠道多元化，民主范围进一步扩展。政民互动渠道进一步拓展，以"微博""微信"等社交媒体为主的分布式信息发布技术，为公众参与提供了实时互动的全新信息空间，从而导致了信息的海量递增和传播渠道的极度多元，加强了与公众的沟通。第三，公众参与的主动性增强。个人可以将数据转化为大众应用，提升公众在社会管理中的参与度。美国公众利用政府公开的相关数据开发出了多个实用性强的应用系统，如航班延误分析系统、商品回收验证系统等。新加坡为鼓励社会公众参与数据开放运动，激发社会创新力，在 Data.gov.sg 举办"ideas4apps challenge"活动并提供一定的资金数额。

图 16.4　北京市城市规划设计研究院茅明睿"基于市民画像的公共资源配置"演讲
来源：阿里研究院。

大数据可更好地实施社会危机和风险治理。社会危机和风险治理是大数据未来应用的重点行业和领域。通过增强对现象发生小概率的关联与研究，大数据可以有效减少社会危机发生的不确定性，增强风险预警能力，降低社会危机带来的危害。

第一，利用大数据还原危机发生的真相。在信息时代，网络、微博等新媒体早已取代传统媒体，成为信息传播的发源地。网络传播的快速性和网络信息可辨识度难的特性，使得网络成为公共危机爆发的"火山"。政府部门作为社会舆论的权威导向，需要在第一时间还原危机真相，利用大数据对社会热点、名人微博等海量社交数据进行跟踪分析，找到事件的起因、传播的渠道、涉及的关键人物，进而有效地还原社会群体危机发生的过程，以客观事实和数据告诉社会大众事情的真相。

第二，利用大数据可预测危机发生的可能。对海量社交媒体数据的分析，可以预测如恐怖主义和骚乱活动等突发事件。美国联邦执法部门和情报机构在网上发布的信息征集启事显示，美国政府正在寻找一款能够分析社交媒体海量数据，并预测未来恐怖主义袭击和国外暴乱等重大事件的软件。对海量物理环境数据的分析，可以在一定程度上预测自然灾难及传染疾病等的发生。

第三，利用大数据可降低危机带来的灾难。利用大数据的预测和预警分析功能可有效降低各种危机带来的灾难和损失，特别是在应对各种自然灾害和突发性安全事件。2013 年 1 月和 3 月，Google 先后在美国和日本提供公共警报系统，在 Google Maps、Google Search 以及 Google Now 上，为用户提供地震和海啸等危险警告。美国食品药品监督管理局（FDA）从 2009 年起，通过"轨迹追踪技术"（Track-and-Trace Technologies）确认药品生命周期轨迹，以预防违法药品的产生并减少其危害的机会，使美国食品药品监督管理局能够通过药品生命周期紧密连接的信息追溯到源头。

第十七章

互联网＋，政府服务与监管创新

　　企业创造财富，政府创造环境。以数字化为核心的互联网＋，其实质是以数字世界的逻辑与原理改造物理世界并寻找新的融合，形成人联、物联、人物互联的格局，其间新的产业形态与商业模式将层出不穷。互联网＋将深刻改变物理世界的存在秩序、人们的工作学习与生活方式，其对政府的考验在于：对于新业态和新商业模式，能否依据增量先于存量、增量倒逼存量的理念，采用在放活中管好的策略，通过积极服务创新，收获以增量创新促存量改革的"鲶鱼效应"，最终实现共同服务增量、存量，发展新生产力、解放旧生产力的目的。换言之，面对互联网＋，政府需要遵循数字世界的逻辑与原理，在监管思维、服务切入点和服务手段等方面作出相应创新，加快构建一个有利于互联网＋的经济和社会环境。

一、互联网＋，政府服务创新的
动力源泉

　　互联网＋呼唤创新政企关系。从历史上看，历次技术革命都不是完全依靠市场或企业家来实现的，必须有政府的主动参与，包括基础设施建设投资、自上而下的产业布局，以及通过财税激励和补贴机制确保新经济秩序的形成与稳定。就现阶段而言，针对我国中小企业管理水平低、资金不足、市场开拓难等突出困难，降低中小企业信息化门槛，推动云计算、物联网、电子商务、数字加工等信息技术在中小企业中的应用，强力推动工业化与信息化的深度融合，是政府积极服务互联网＋的重要内容。互联网＋环境下，信息经济将成为新型城市化的全新推动力量，政府用平台化思维助推平台型企业产生、成长，是发挥政府经济职能的重要内容。

二、互联网＋，政府服务、监管新突破

互联网＋将驱动经济走向平台竞争新阶段。因此，各行各业互联网＋、融入电子商务生态圈，形成依据互联网分布式的新商业生态系统，已经是大势所趋。政府应顺势而为，在监管思维、服务切入点和服务手段等方面作出相应的创新，增加政策供给，积极推动中国经济走向互联网＋的科学发展之路。

1.把握并确立与互联网＋相匹配的服务和监管新思维

（1）政府可以利用互联网的便利性，做到服务、监管的高效率与社会公众个性化主动参与的"两手抓"，致力于实践互联网＋时代的群众观：与群众互动零距离、全流程群众参与。

（2）政府要利用数字化，牢牢把握业态变化驱动空间布局变化、新经济结构影响城市演变进程的城市化新特点，推动城乡空间布局优化，实现重组流程、优化布局的网络效果。

（3）政府可根据互联网的特点，按照"屏上演绎、线下响应；实体递进、数字增强"16字方针，致力于提升政府的机动性与形象。

图 17.1 大数据云计算、政府和"三化"的关系

来源：阿里研究院。

（4）政府要在数字化的进程中，着力建设智慧城市，并以此作为重要数据源，善于用互联网感知群众需求、走在群众前面，实现用大数据治理社会的社会管理创新。

（5）政府要致力于推动政府组织的扁平化、网状化，并按照移动互联的要求移动起来，实现以平台服务于平台的理念。

2015 年 2 月 6 日，国务院常务会议提出要运用互联网和大数据技术，加快建设投资项目的在线审批监管平台，横向联通发展改革、城乡规划、国土资源、环境保护等部门，纵向贯通各级政府，推进网上受理、办理、监管"一条龙"服务，做到全透明、可核查，让信息多跑路、群众少跑腿。用"制度＋技术"更好巩固简政放权成果，更大释放改革红利。

2. 以构建有利于互联网＋的经济、社会环境为抓手创新政府服务与监管

构建互联网＋所需要的经济、社会环境，既是政府"认识、适应、引领"新常态的切入点，又是政府作为新技术使用者和传播者的重要内容。构建这样一个有利于互联网＋的经济、社会环境包含以下四个方面的内容。

（1）强化大数据即服务资源的理念，推动电子政务向云计算模式迁徙，并夯实政府数据基础。

大数据是新的起跑线，政府要开放政府数据，助力培育新的增长点——新型服务业，让大数据成为驱动中国发展的重要战略资源。政府要抓住基础设施、产业链、人才、技术和立法这五个大数据发展的关键要素，填补普通企业的短板。

（2）以推动传统企业互联网＋为诉求，大力提升电子商务服务业的战略地位。

电子商务服务业是战略性新兴产业，政府要跳出"网络工具论"思维定式，确立技术改变社会、改变文明的战略理念，主动为新的商业文明引航护航。构建、创新良性循环平台，实施"创业、生态、社会"良性循环与税制优惠"两手抓"，以服务创新的姿态，为创业者培育生态并致力于推动"创业、生态、社会"三者的良性循环。

（3）以智慧的生态城市建设为抓手，为实施互联网＋战略，构建新基础设施、提升政府数据整合能力。

智慧城市的本质是对数据的收集和智慧处理，智慧城市包含了公共安全、公众民情采集与服务、政府管理、整体智慧城市的运转四个方面。政府应该在数字教育、数字交通、公共安全和应急响应、数字医疗等方面积极布局，推动信息化、城市化、工业化的深度融合，实施产业升级。

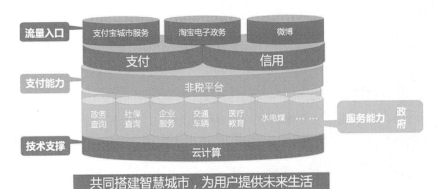

图 17.2　互联网＋政务融合

来源：阿里研究院。

（4）以平台竞争和催生新文明的大视野与大使命，着力构建学习型政府与新领导力。

在互联网＋时代，政府服务经济、组织经济的理念和能力格外重要。用数字看世界的能力是领导干部服务、监管经济的必备能力。我们应该把学习型政府与新领导力建设融入党的群众路线教育实践活动，把学习世界是信息的相关知识列为重点，加大、拓展干部新领导力建设的力度与路径。

3. 以互联网＋的逻辑要求为依归，创新政府政策供应

在互联网＋时代，政府集众多身份于一身，需要扮演好新商业生态系统的助推者、优秀商务环境的建设者、和谐宜居生活环境的设计者与推动者、公民全面自由发展氛围的维护者等角色。因此政府必须在管理理念、职能发挥方面与互联网＋的要求相吻合。

实体企业、电子商务服务企业、政府三者构成中国经济互联网＋战略的三大主体。政府的职能与管理创新具有全新内容，要求其以商业生态系统构建原理，着力构建区域创新环境并以此助力电子商务生态圈建设。要做到这一点，需要政府积极思考以下三个问题并给出解决方案。

第一，如何创新开发区管理？能否在现有经济开发区内催生电子商务园区？在探索政府管理创新中，能否将软性管理在"一企一策"的个性化政策设计思路中得到充分体现，给出经济开发区管理创新有效工作路线图。如果能形成政策供给与微观活动良性互动机制，就能为经济开发区管理创新提供工作路线图。

2015 年 4 月 1 日，由阿里巴巴集团和洛阳市政府共同主办"首届中国电子商务园区峰会"在河南省洛阳市隆重召开（见图 17.3），来自全国各地超过 150 个电子商务园区的代表出席了本次大会。在"互联网＋"大潮的背景下，电子商务园区正日渐成为区域电子商务服务的枢纽、大众创业万众创新的孵化器、富有活力的知识社区、促进电子商务发展的政策载体。

第二，如何助力电子商务服务业发展？电商平台进化方向是制造业供应链改造的指路灯，但电子商务服务业却是中小企业电商化的助手，政府提供怎样的政策供应最有利于电子商务服务业的健康发展？

第三，如何助力产业重组？政府怎样通过趋势报告、公共服务、有效监管与政策推动四大职能的发挥，引导并促进互联网＋过程中呈现

图 17.3　首届中国电子商务园区峰会

来源：河南新闻网。

出有效的行业重组？

　　服务创新方面的政策设计。尽管工业化与信息化深度融合表现为企业传统价值链和流程的拆除与重建，但这并不意味着要再重建一个垂直一体化的类传统行业，而是要重建一个能实现企业间网状协同的新商业生态系统。政府应在服务创新、监管创新过程中发展自己的职能与履职方式，如在数据开放、立法、与企业、社会互动式管理等方面展开创新，并以此来促进思想、信息、数据在更大范围、更快速度的流动，通过着力构建区域创新体系来助力互联网＋。

第十八章

互联网＋公共安全，践行改革新动力

公共安全是百姓关心的大事，与人民生活的安定和幸福指数息息相关。随着我国社会的快速发展和进步，社会转型期的深层社会矛盾不断被激发，主要表现在：收入差距拉大使社会心理出现失衡，利益冲突的加剧必然使违法犯罪行为增多，大规模社会人口流动产生的附带性社会治安问题，等等。这些问题使得维护公共安全的压力越来越大。

同时，随着互联网尤其是移动互联网的发展，百姓获取信息的渠道越来越丰富，随时随地的深度共享使得公共安全管控区域与难度提高；同时交通的便利化使得人员流动和互动加速，导致一些不安定事件活动增多且趋于随机化。犯罪分子充分利用这些移动互联网的手段升级犯罪形式，因此犯罪手段的智能化趋势非常明显。

作为协调治安、户政、交管、外事、禁毒、出入境、网监、刑侦和督察等多项任务为主要职责的公安系统来说，其信息化建设在通过金盾一期到二期的积累，已经积累了很多经验。信息化已经成为承载公共安全部门对民服务的一个基本支撑。

2015年2月16日，《关于全面深化公安改革若干重大问题的框架意见》及相关改革方案获得中央通过。

互联网应用的深入在给公安部门带来众多挑战的同时，以互联网技术为基础的物联网、云计算以及大数据都将赋能公安部门，解决传统公安信息化存在的问题，为上述改革的三大方向起到支撑作用。

我国将全面深化公安改革

一、传统的公安信息化面临的挑战

公安行业的金盾工程是公安信息化建设的阶段性标志，是国家电子政务的重点工程，是公安机关科技强警的重要载体。在金盾工程一期和二期，公安系统大大提升了信息化的水平，信息化应用已经覆盖了主要公安业务，有效提高了公安机关预防和打击犯罪能力、情报信息分析研判和科学决策指挥能力、行政管理水平和服务社会的能力。但是当前公共安全领域面临的压力升级，犯罪形式变化多端，犯罪的智能化以及随机性成为趋势，传统的公安信息化系统以及信息管理机制，已经无法满足公安系统侦查办案及内部工作需求。

一方面，传统的信息化是不同业务部门在不同时期建立的信息系统，不同业务部门建设了不同的数据中心，硬件利用率不高，应用部署时间较长，管理成本极高。另一方面，由于信息系统的数据因纵向的行政管理而彼此独立，系统之间的相互集成比较弱，数据格式相对独立，数据共享以及相互利用的程度低，不同公安警种间、不同业务之间信息不通，信息孤岛林立。

二、云计算与大数据赋能公共安全创新

传统的公安信息化系统以及信息管理机制无法满足公安系统侦查办案及内部工作需求。在这种背景下，云计算与大数据的出现为公安行业带来了新的力量（见图18.1）。

1. 云计算——消除信息孤岛奠定基础

作为衍生于互联网时代的全新IT应用模式，云计算和大数据的出现将成为公安行业信息化发展的核心引擎。云与大数据不仅仅是支持业务的IT能力，最重要的是成为业务创新的核心。

公安行业利用云计算可实现不同部门各类信息资源的共享和整合，实现随需而用的软硬件资源分配和集中管理，不仅节省了软硬件一次性投资，而且增强了统一运维和管理能力。

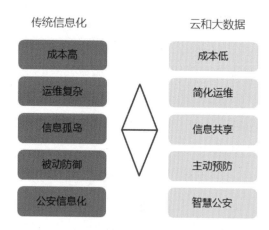

图 18.1　云与大数据对公共安全领域的价值

来源：阿里研究院。

2. 大数据——助力打造智慧公安

通过云平台建立整合的大数据平台可以将各业务部门甚至其他政府部门的信息资源实现共享互通，实现跨部门、跨警种甚至跨地区的信息共享，为公安机关在刑事侦查、治安管理、交通管理和社会服务等方面提供科学决策之服务，并能够将传统的事后打击犯罪的形式转化为防患于未然的能力（见图 18.2）。以往的案件侦破主要依赖专家经验，大数

图 18.2　公安机关的信息化建设

来源：环渤海新闻网。

据的价值就在于，利用数据挖掘技术能够发现人凭借经验无法发现的关联点，提升案件侦破的能力。

　　在传统的工作模式下，公安部门的人口管理非常封闭，主要依靠单位和群众，采取人盯人的手段保证本区域的治安。在开放动态变化的今天，要实现对包括人、屋、车等治安要素的有效管控，需要了解关于这些要素的精确信息以及人的基本活动轨迹，这就需要云与大数据平台的结合才能获得这些精准信息。比如，公安各业务部门积累了多年的人口信息资源库，视频监控数据以及车辆信息库等多种信息资源库，通过云与大数据平台对这些数据之间的相关性进行分析，并依据一定的模型能够发现一些潜在罪犯的共同特征，有利于快速侦破难度较大的案件。

<h3 style="text-align:center">◇ 案例：蚂蚁金服 i3 案件宝 ◇</h3>

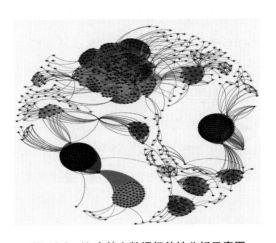

图 18.3　i3 案件宝数据相关性分析示意图

来源：蚂蚁金服。

　　蚂蚁金服（原浙江支付宝网络科技有限公司）为强化交易安全，打击交易欺诈行为，开发了"i3 大数据风险网络平台"（全称为 Information-tion to Image to Intelligence），成为隐藏在阿里巴巴电子商务、互联网金融等所有核心业务背后的"大数据守护神"，i3 帮助支付宝近两年将快捷支付的资损率保持在 0.001% 以下，而传统在线支付资损率为 0.01%，这一安全性也高于国际同行 Paypal 0.3% 的水平，并且将阿里小贷的坏账率控制在 1% 左右。而 i3 的反欺诈模型，也被用于各类业务，如快的打车软件，少数司机注册一批用户小号骗取奖励红包等。

在 i3 系统通过风险网络模型、数据可视化等高科技手段在案件发生前后进行风险关联反查、案件串并联，实现"疏而不漏"。目前，i3 应用场景包括企业级安全调查、网络犯罪、风险管理、反洗钱、反欺诈、职务犯罪、行业监管、打击海外信用卡盗卡等，结合不同业务风险防范特性建立特定的策略和模型，在政府企业核心业务、要害机构的风险防范网络中广泛应用。

3. 网络舆情监测——解民意、助决策

近年来，网络舆情对政治生活秩序和社会稳定的影响与日俱增。一些重大网络舆情事件使人们开始认识到网络对社会监督起到巨大作用。同时，网络舆情突发事件若处理不当，极有可能诱发民众的不良情绪，引发群众的违规和过激行为，进而对社会稳定构成威胁。公安机关在利用云平台实现内部数据整合的同时，也在加强对来自微博、微信等外部数据的采集与分析，以实时了解网络舆情的变化，及时发现问题并预警。针对危机，第一时间启动危机公关预案，快速利用多种舆情疏导手段进行澄清。

在云计算与大数据技术的支撑下，公安部门可以抢占信息资源的制高点，掌握工作主动权，提升公共安全事件保障和应急处理的立体性和机动性，提升社会治安的防控水平和治理能力。

附件：领导讲话及文件摘编

一、中央领导讲话篇

习近平谈互联网

习近平致首届世界互联网大会贺词全文

图解 2015 全国两会政府工作报告

国务院副总理马凯在首届世界互联网大会上的致辞

二、政府文件篇

2015 年《政府工作报告》缩略词注释

国务院办公厅关于发展众创空间推进大众创新创业的指导意见

国务院发布促进云计算创新发展培育信息产业新业态意见

国务院关于印发"宽带中国"战略及实施方案的通知（国发〔2013〕31 号）

国务院关于推进物联网有序健康发展的指导意见（国发〔2013〕7 号）

《国务院关于加快发展养老服务业的若干意见》（国发〔2013〕35 号）

二维码索引

责任编辑：郑海燕　张　燕
版式设计：安宏川
封面设计：吴燕妮
责任校对：周　昕

图书在版编目（CIP）数据

互联网＋：未来空间无限／阿里研究院　著．
　－北京：人民出版社，2015.5（2015.6重印）
ISBN 978－7－01－014810－6

I.①互…　II.①阿…　III.①互联网络　IV.① TPI93.4

中国版本图书馆 CIP 数据核字（2015）第 081493 号

互联网＋：未来空间无限

HULIANWANG +：WEILAI KONGJIAN WUXIAN

阿里研究院　著

人民出版社 出版发行
（100706　北京市东城区隆福寺街 99 号）

北京盛通印刷股份有限公司印刷　新华书店经销

2015 年 5 月第 1 版　2015 年 6 月北京第 2 次印刷
开本：710 毫米 ×1000 毫米 1/16　印张：12
字数：153 千字　印数：10,001－15,000 册

ISBN 978－7－01－014810－6　定价：48.00 元

邮购地址 100706　北京市东城区隆福寺街 99 号
人民东方图书销售中心　电话（010）65250042　65289539